铁 木 辛 柯 技 术 咨 询 中 心 出 品

浙江大学平衡建筑研究中心配套资金资助项目

浙江大学工程师学院“专业学位研究生实践教学品牌课程”立项资助项目

牛津自然科学经典丛书

金属的硬度

（英）戴维·泰伯（David Tabor） 著

许 强 申永刚 译 赵伟校

The Hardness of Metals

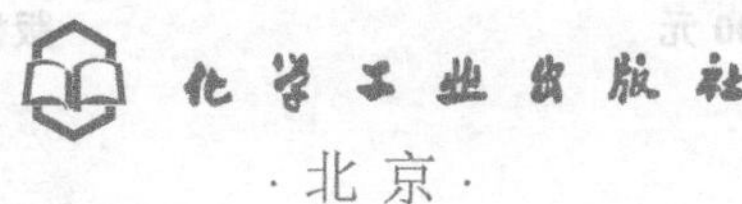

化学工业出版社

·北京·

内 容 简 介

本书系英国剑桥大学 D. Tabor 教授在金属材料硬度领域的专著。书中详细介绍了布氏硬度、Meyer 硬度、维氏硬度及肖氏硬度试验的基本原理；硬度试验中压痕与应变变形的对应关系；硬度试验中理想塑性材料和应力强化材料的不同表现；静态硬度试验和动态硬度试验原理的不同；固体金属材料之间的接触面积问题。

本书可作为土木和机械等行业从事设计、试验和工程检测人员的工具书，也可供高校力学和土木工程系师生使用和参考。

THE HARDNESS OF METALS by D. Tabor
ISBN 9780198507765

图书在版编目（CIP）数据

金属的硬度/(英）戴维·泰伯（David Tabor）著；许强，申永刚译．—北京：化学工业出版社，2021.4（2024.1 重印）

书名原文：The Hardness of Metals

ISBN 978-7-122-38483-6

Ⅰ.①金… Ⅱ.①戴…②许…③申… Ⅲ.①金属-硬度 Ⅳ.①TG113.25

中国版本图书馆 CIP 数据核字（2021）第 024629 号

责任编辑：彭明兰　　文字编辑：温潇潇　陈小滔
责任校对：刘　颖　　装帧设计：张　辉

出版发行：化学工业出版社（北京市东城区青年湖南街 13 号　邮政编码 100011）
印　　装：北京盛通数码印刷有限公司
880mm×1230mm　1/32　印张 7¾　字数 158 千字
2024 年 1 月北京第 1 版第 2 次印刷

购书咨询：010-64518888　　售后服务：010-64518899
网　　址：http://www.cip.com.cn
凡购买本书，如有缺损质量问题，本社销售中心负责调换。

定　　价：78.00 元　　

译 序

本书系英国剑桥大学 D. Tabor 教授在金属材料硬度领域的专著。作者详细介绍了各类硬度试验的基本原理，很好地阐述了“硬度是什么”和“硬度测量的意义是什么”等问题。书中同时结合试验研究，详细阐述了硬度与金属材料本身的弹性和塑性等性能之间的关系。

与弹性、塑性、强度和韧性一样，硬度也是金属材料一个基本的力学性能指标。长期以来因为理论研究工作没有得到足够的跟进或拓展，硬度性能在实际工程中常常被忽视，目前规范和手册中也很少有关于硬度性能指标的规定，即便有也很不系统。以机械和建筑行业为例，上部结构在支座处局部承压、行车车轮在吊车轨道梁上的行走、高强螺栓连接摩擦面抗滑移性能、销轴和耳板的连接等，其实都涉及金属材料的硬度问题。如何根据载荷和使用条件选择合适的金属材料，避免过早出现局部塑性变形及材料磨损等问题，还有很多研究工作需要做。

这是一本在金属材料领域内很有特色的参考书。书中用最基本的数学公式，将金属材料的硬度问题阐述清楚，可以作为土木、机械等行业研究者的参考书，也可以作为高校学生的辅修课程教材，帮助拓宽视野、加强学科交叉研究。这本书同时方便工程技术人员掌握和应用，对实际工程中金属材料的无损检测、试验研究具有指导意义，对工程设计人员也会有所帮助。

原著于1951年出版，2007年牛津大学出版社安排再版，可以看出这本书原著在该领域的影响。重读经典，从经典书籍中获取新的认识，并将其应用于实际工程具有重要的实践意义，特此推荐给大家。由于原著时间久远，书中有些标准和规定已与现行标准规范有不一致之处，对于这部分内容，请读者参照现行专业标准和规范。

郭彦林

2020.06

序

在过去 50 年甚至更长的时间内，工程师和金属学家将金属材料的硬度测量，作为评判金属材料常用力学性能的一种手段。本书尝试从一些基本力学性能的角度，来解释金属材料硬度测量的意义。书中并不讨论弹性和塑性变形的原子晶体力学，而是从如下假设出发：金属材料拥有特定的弹性和塑性性能，并且其硬度性能可以用这些基本特性来表达。希望通过本书的介绍，可以帮助物理学家、工程师、冶金学家更好地理解“硬度是什么”以及“硬度测量的意义是什么”。本书的重点为力学涵义的介绍，这样非数学专业的读者也可以理解和掌握一般的物理图表，而不需要更多的数学推导。

到目前为止，还没有人尝试过详细阐述硬度测量中所涉及的实用技术。这些技术在 H. O'Neill 的专著 *The Hardness of Metals and Its Measurement*（Chapman and Hall，London，1934）中已经用一种巧妙的方式加以介绍了，其中罗列了到 1933 年为止完整的参考文献；S. R. Williams 的专著 *Hardness and Hardness Measurement*（Amer. Soc. Met. 1942）以及 F. C. Lea 的专著

Hardness of Metals (Griffin，London，1936)，包含了到 1941 年为止大部分的参考文献。除此之外，还有一本由 D. Landau 编写名为 *Hardness* 的小册子（The Nitralloy Corporation，N. Y.，1943)。同时，我在 A. F. Dunbar 撰写的一篇油印的文章 *A Critical Survey of Hardness Tests* (Australian Institute of Metals，Conference 1945) 中得到了很多有用的信息。

感谢墨尔本联邦科学与工业研究组织（C. S. I. R. O.）摩擦物理学分部的 G. Brinson，他完成了早期的部分试验工作；W. Boas 博士和 T. M. Cherry 教授（墨尔本）；Tipper；E. Orowan 博士；特别是 N. F. Nye 博士和 R. Hill 博士（剑桥大学）的有益讨论。同时对剑桥大学工程学系以及部分同事在试验设备和工作时间上的慷慨帮助表示感谢。

本书所介绍的工作起源于 1936～1939 年之间在剑桥大学的一项关于金属材料表面之间的接触面积的研究工作。硬度方面的试验工作始于 1945 年在墨尔本联邦科学与工业研究组织（C. S. I. R. O.）摩擦物理学分部，而后的研究工作在剑桥大学表面物理和化学研究实验室继续进行。整个这段时期，我对 F. P. Bowden 博士持之以恒的鼓励深表感激。

除了另外做特别说明，书中所引用的试验结果均来自我及同伴的研究成果。

D. Tabor

表面物理和化学研究实验室

物理和化学部

剑桥大学　1950 年 01 月

目　录

第一章　简介

第二章　采用球形压头测量硬度

第三章　理想塑性金属材料的压痕和变形

第四章　球形压头下金属的变形：理想塑性材料

第五章　球形压头下金属的变形：会应力强化的材料

第六章　球形压头下金属的变形：变浅和弹性回弹

第七章　采用圆锥和棱锥压头测量硬度

第八章　动态或回弹硬度

第九章　固体金属材料之间的接触面积

附录Ⅰ　布氏硬度

第一章
简　介

O'Neill（1934）在介绍金属材料硬度的文章中，已经敏锐地观察到硬度就像海上的风暴级别，很容易感受但不容易测定。通常，硬度意味着材料抵抗变形的能力。

如果读者承认一个硬度高的物体不容易弯曲这样一个事实。那么，钢材的硬度显然比橡胶更大。但如果读者认为硬度是物体抵抗永久变形的能力，那么像橡胶这样的材料就要比大多数金属来得更结实。这是因为橡胶可以在一个相当大的范围内保持弹性变形，远远超过金属材料的弹性变形范围。实际上，对于橡胶这类材料，弹性性能在确定硬度指标时起着很大的作用。而金属的情况完全不同，尽管弹性模量很大，但金属弹性变形的范围很小。因此，当金属材料出现变形或者产生压痕，对应的变形显然在弹性范围之外，会涉及相当大的塑性或者永久变形。

正因为如此，读者应该明白，金属材料的硬度主要与它们的塑性性能有关，与弹性性能的关系则没有那么密切。但在某些情况下，尤其在动态硬度的测量中，金属材料的弹性性能或许与塑性性能同样重要。

硬度测量通常分三大类：划痕硬度、静态压入硬度、回弹或动态硬度。

一、划痕硬度

划痕硬度是最古老的硬度测量方法，它是由矿物学家最早提出的。它是用一个固体材料去刮擦另一个固体材料，或者是抵抗另一个固体材料刮擦的能力。这种方法首先由 Mohs

(1822) 以半定量的方式提出，他选择了10种材料作为标准，从滑石（划痕硬度指标为1）开始，以金刚石（划痕硬度指标为10）结束。一些典型材料的莫氏硬度等级见表1-1。

表 1-1 莫氏硬度等级

材料(矿物)	莫氏硬度	材料(金属)	莫氏硬度	材料(其他)	莫氏硬度
滑石	1	铅	1.5	$Mg(OH)_2$	1.5
石膏	2	锡，镉	2	指甲	2～2.5
		铝	2.3～2.9		
		金、镁、锌	2.5		
		银	2.7		
方解石	3	锑	3	Cu_2O	3.5～4
萤石	4	铜	3	ZnO	4～4.5
		铁	3.5～4.5	Mn_3O_4	5～5.5
磷灰石	5	镍	3.5～5	Fe_2O_3	5.5～6
正长石	6	铬(软)	4.5	MgO	6
		钴	5	Mn_2O_3	6.5
		铑	6	SnO_2	6.5～7
石英	7	锇	7	马氏体	7
		钽	7	MoC	7～8
黄玉	8	钨	7	V_2C_3	8
金刚砂	9	硅	7	TiC	8～9
		锰	7	Al_2O_3(蓝宝石)	9
		铬(硬，电解沉积)	8	Mo_2C,SiC,VC W_2C,WC	9～10
金刚石	10	经过表面硬化的钢	8	掺硼金刚石	10+

矿物学家和宝石鉴定家广泛使用莫氏硬度等级。但是，它不太适用于金属材料，因为在高硬度区硬度的等级间隔上不太

好设置，且大多硬质金属实际的莫氏硬度等级在4～8之间。此外，实际得到的材料硬度以一种无法预测的方式依赖于所采用的试验方法，尤其跟刮擦边的倾斜度和刮擦方向有关。

另一种类型的划痕硬度是莫氏硬度等级的一个自然拓展，它采用在一个确定的载荷大小下用金刚石针笔划过试验材料表面的方法。通过最终划痕的宽度和深度来确定其硬度等级，划痕越小则硬度等级越高（Bierbaum，1920；Hankins，1923；O'Neill，1928）。这种方法用来测量晶粒边界硬度的变化有其可取之处（O'Neill，1928）。但是，划痕硬度计操作起来很麻烦。此外，划痕测量法本身是材料表面弹性、塑性和摩擦性能的复杂函数，这种方法不容易付诸理论分析。因此，在这里对划痕硬度不做进一步讨论。

二、静态压入硬度

确定金属材料硬度指标最广泛使用的方法是静态压入法。在试验金属材料的表面通过静压产生一个永久性的压痕，硬度由所施加的外载荷和对应的压痕大小来确定。考虑压入法在硬度测量中的重要性，对塑性金属材料变形和压痕的基础性讨论见第三章。

在布氏试验中（Brinell，1900；Meyer，1908），压头是一个硬质钢球。在测试很坚硬的金属材料时，球形压头可能需要用硬合金钢或金刚石。布氏试验的常见特征在第二章中介绍，相关理论分析在第四、第五和第六章给出。

另一种在试验中广泛使用的压头是圆锥形和棱锥形压头，

正如在 Ludwik（1908）和 Vickers 硬度试验中（Smith 和 Sandland，1925）所使用的那样。这类压头现在常常采用金刚石制成。采用圆锥形和棱锥形压头时，材料的硬度性能与采用球形压头时所观察到的情形是不一样的，其特性见第七章。其他类型的压头在不同场合也会被提及，但它们使用不广泛，也不涉及新的工作原理。所以，本书关于静态压入试验的讨论将主要限于球形和棱锥形（或圆锥形）压头。金属的压入硬度通常可以用所试验金属材料的塑性性能和一小部分的弹性性能来表示。

三、动态硬度

另外还有一种类型的硬度测量，就是测量金属试件的动态变形或压痕。在大多数直接测量法中，压头从某一高度落下撞击金属表面，硬度就用撞击能量和表面留下的压痕大小来表示（Martel，1895）。在肖氏回弹硬度计中（Shore，1918），硬度用压头回弹的高度来表示。这类方法在本书第八章中讨论，同时可以看到，动态硬度可以定量地表示成金属材料的塑性和弹性特性。另一种方法，某种意义上也是一种动态测量试验，是由 Herbert 于 1923 年提出的摆锤装置。一个反向的圆形摆锤支承在一个硬质的钢球上，其放置在试验金属材料的表面。随着摆锤左右摆动，硬度通过摆锤的衰减来测量。这种方法引起比较多的关注，但不容易进行理论研究，这里就不再做进一步讨论。

四、接触面积

最后，在本书第九章会讨论金属材料表面之间实际接触面积的问题。这在工程实践中经常受到关注，前面几个章节的研究结论可以充分应用到这个问题中。读者还可以看到，金属表面实际接触面积并不取决于接触面的表观面积，而是主要取决于接触区金属材料的塑性性能、部分弹性性能以及材料表面的粗糙度。

参考文献

BIERBAUM，C.（1920），*Iron Age*，**106**，1；（1923），*Trans. Amer. Inst. Mining Met. Engrs.* 69，972；（1930），*Metal Progress*，**18**，42.

BRINELL，J. A.（1900），*II. Cong. Int. Méthodes d 'Essai*，Paris. For the first English account see A. Wahlberg（1901），*J. Iron & Steel Inst.* **59**，**243.**

HANKINS，G. A.（1923），*Proc. Instn. Mech. Engrs.* **1**，**423.**

HERBERT，E. G.（1923），*Engineer*，**135**，390，686.

LUDWIK，P.（1908），*Die Kegelprobe*，J. Springer，Berlin.

MARTEL，R.（1895），*Commission des Méthodes d' Essai des Matériaux de Construction*，Paris，**3**，261.

MEYER，E.（1908），*Zeits. d. Vercines Deutsch. Ingenieure*，**52**，645.

MOHS，F.（1822），*Grundriss der Mineralogie*，Dresden.

O'NEILL，H.（1928），*Carnegie Schol. Memoirs*，*Iron & Steel Inst.* **17**，109.

——（1934），*The Hardness of Metals and Its Measurement*，Chapman and Hall，London.

SHORE, A. F. (1918), *J. Iron & Steel Inst.* **2**, 59. (Rebound sc.)

SMITH, R., and SANDLAND, G. (1922), *Proc. Instn. Mech. Engrs.* **1**, 623; (1925), *J. Iron & Steel Inst.* **1**, 285.

For general accounts of hardness measurements, the following books may be consulted:

LEA, F. C. (1936), *Hardness of Metals*, Charles Griffin & Co., London.

LYSAGHT, V. E. (1949), *Indentation Hardness Testing*, Reinhold. Pub. Corp. N. Y. This book appeared after the present monograph was prepared for publication. It contains a very good descriptive account of the Rockwell tests, a full account of the Knoop test, and some interesting observations on the hardness of non-metals.

O'NEILL, H. (1934), *The Hardness of Metals and Its Measurement*, Chapman and Hall, London. This contains a full bibliography up to 1933.

WILLIAMS, S. R. (1942), *Hardness and Hardness Measurements*, Amer. Soc. Met. This contains a full bibliography up to 1941.

第二章
采用球形压头测量硬度

一、布氏硬度

在布氏硬度试验（Brinell，1934）中，一个硬质球形压头在给定的竖向载荷下，压入一个水平放置的光滑金属试件表面。当内外压力达到平衡时，譬如等待 15s 或 30s，移除外载荷及球形压头，并测量最终压痕的直径大小。布氏硬度值（B. H. N.）就表示成压力载荷 W 和压痕的曲面面积之比。如果球形压头的直径为 D，压痕的弦长直径为 d，则

$$\text{布氏硬度值}=\frac{2W}{\pi D^2\left[1-\sqrt{1-(d/D)^2}\right]} \tag{2-1}$$

多数情况下，一种金属材料的布氏硬度值不是一个常数，而是取决于外载荷和球形压头的大小。基于一般力学原理，我们希望对于几何相似的压痕，不管它们实际大小如何，硬度值应该是一个常数。事实确是如此。如果一个直径为 D_1 的压头形成一个直径为 d_1 的压痕，和采用一个直径为 D_2 的压头形成一个直径为 d_2 的压痕只要压痕几何相似，即两种情况下压痕所对的中心角相同（图 2-1），所得到的硬度值就会一样。也就是说，当 $d_1/D_1=d_2/D_2$ 时，两者的硬度值相同。

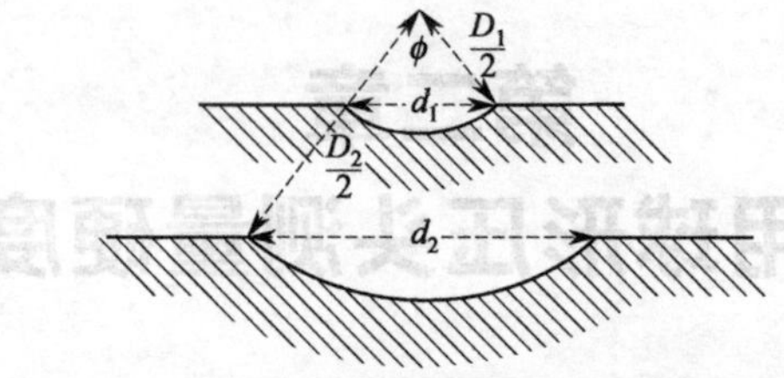

图 2-1　不同直径球形压头形成几何相似的压痕

仔细想一想，你会发现布氏硬度值并不是一个令人满意的力学概念，因为压力载荷与压痕的曲面面积之比给出的并不是压痕表面上的平均压应力。假设压痕区域平均压应力为 P，如果压头和压痕表面之间没有摩擦，压应力就垂直于压痕的球体表面。考虑一个半径为 x、宽度为 $\mathrm{d}s$ 的环面（图 2-2）上的载荷情况。环面的面积为 $2\pi x\mathrm{d}s$，其上载荷为 $P\times 2\pi x\mathrm{d}s$。考虑对称性，这个力的水平分量为零，竖直分量为 $P\times 2\pi x\mathrm{d}x$。

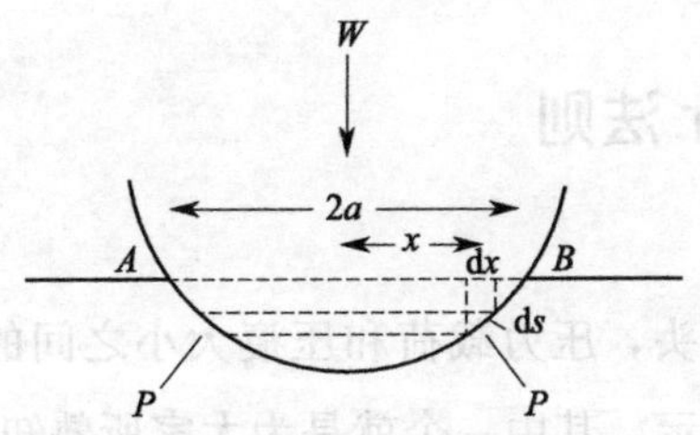

图 2-2　压头表面和压痕之间无摩擦时平均压应力的计算

如果对整个压痕的球面面积求和，则水平合力为零，垂直合力与竖向压力载荷 W 相等。

$$W=\int_0^a P\,2\pi x\,\mathrm{d}x=P\pi a^2$$

其中，$2a$ 为压痕的弦长直径。由此可得

$$P=\frac{W}{\pi a^2}$$

也就是说，压头和压痕接触面之间的平均压应力等于竖向压力载荷与压痕的水平投影面积之比。作为衡量金属材料硬度大小的一个指标，它由 Meyer 在 1908 年首先提出，被叫做

Meyer 硬度。因此

$$\text{Meyer 硬度}=\frac{4W}{\pi d^2} \tag{2-2}$$

在布氏试验中，最初引入球面面积是为了弥补材料应力强化的影响。但这会使问题更复杂，而 Meyer 硬度是一个更加令人满意的概念。值得注意，布氏和 Meyer 硬度值与压应力的量纲相同，通常表示成 $kg/mm^2$❶。它除以 1.575 就可以转换成单位 $ton/in^2$❷。

二、 Meyer 法则

对于球形压头，压力载荷和压痕大小之间的关系可以用很多经验公式来表示。其中一个就是为大家所熟知的 Meyer 法则。对于一个给定直径大小的压头，如果压力载荷为 W，压痕的弦长直径为 d，则有

$$W=kd^n \tag{2-3}$$

其中，k 和 n 对于所试验的金属材料为常数。n 的取值通常大于 2.0，介于 2.0 和 2.5 之间。研究发现：对于未应力强化过的金属材料（即经过完全退火处理的金属材料），n 的取值接近 2.5；对于已应力强化过的金属材料，n 的取值接近 2.0。

图 2-3 给出经过退火和变形处理后的铜和铝和应力强化过钢材的 W-d 关系图，其中 W 和 d 均采用对数坐标。用对数坐

❶ $1kg/mm^2=9.8MPa$

❷ $1ton/in^2=15.2MPa$

标表示的 $W\text{-}d$ 关系曲线为直线，其斜率从数值上等于 Meyer 指数 n。当 $d=1$ 时，W 在数值等于 k。这种分析压痕试验结论的方法就是 Meyer 分析，它提供了确定 k 和 n 的最简单方法。

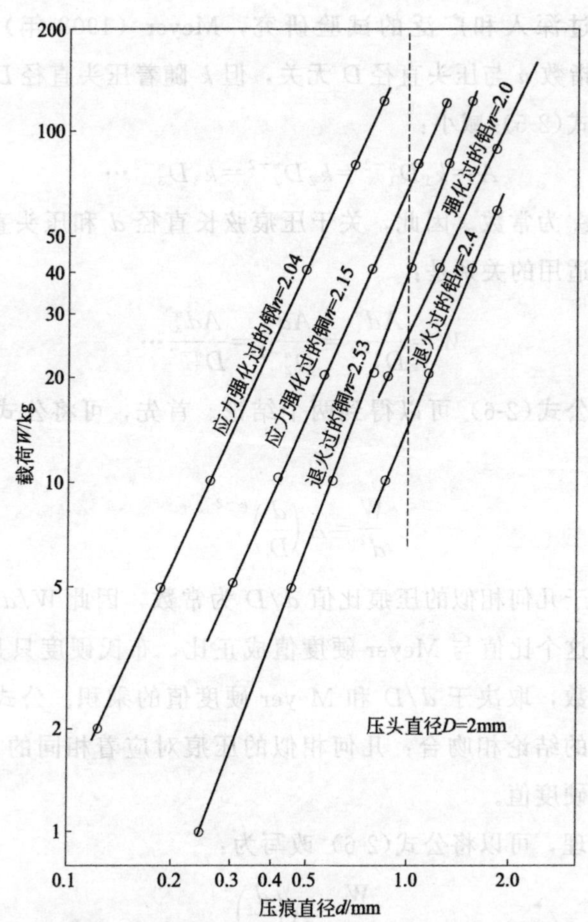

图 2-3　载荷 W 与硬质球形压头在金属表面产生的压痕直径 d 之间的关系图（对数坐标）

采用不同直径的球形压头时，k 和 n 的数值会随之改变。对于直径为 D_1，D_2，D_3，…的压头，对应的压痕弦长直径为 d_1，d_2，d_3，…，可以得到一系列的关系：

$$W=k_1d_1^{n_1}=k_2d_2^{n_2}=k_3d_3^{n_3}\cdots \tag{2-4}$$

经过深入和广泛的试验研究，Meyer（1908 年）发现 Meyer 指数 n 与压头直径 D 无关，但 k 随着压头直径 D 的增加按公式(2-5) 减小：

$$A=k_1D_1^{n-2}=k_2D_2^{n-2}=k_3D_3^{n-2}\cdots \tag{2-5}$$

其中，A 为常数。因此，关于压痕弦长直径 d 和压头直径 D 最普遍适用的关系是：

$$W=\frac{Ad_1^n}{D_1^{n-2}}=\frac{Ad_2^n}{D_2^{n-2}}=\frac{Ad_3^n}{D_3^{n-2}}\cdots \tag{2-6}$$

由公式(2-6) 可以得到两个结论。首先，可将公式(2-6) 改写为

$$\frac{W}{d^2}=A\left(\frac{d}{D}\right)^{n-2} \tag{2-6a}$$

对于几何相似的压痕比值 d/D 为常数，因此 W/d^2 为常数。但这个比值与 Meyer 硬度值成正比，布氏硬度只是一个几何参数，取决于 d/D 和 Meyer 硬度值的乘积。公式(2-6) 与下面的结论相吻合：几何相似的压痕对应着相同的 Meyer 和布氏硬度值。

同理，可以将公式(2-6) 改写为：

$$\frac{W}{D^2}=A\left(\frac{d}{D}\right)^{n} \tag{2-6b}$$

同样，对于几何相似的压痕比值 d/D 为常数，因此 W/D^2 一定为常数。这意味着使用一个 10mm 直径的球形压头和

3000kg 压力载荷得到的压痕，与使用直径为 5mm 的球形压头和 750kg 压力载荷，或者直径为 1mm 的球形压头和 30kg 压力载荷得到的压痕在几何上是完全相似的。三种情况下得到的材料硬度值基本一致，这个结论在实际硬度试验中广泛使用。

需要注意的是，几何相似原则是一个基本的物理概念，并不依赖于 Meyer 公式。体现这个原则最常用的一个表达式为：

$$\frac{W}{d^2}=\psi\left(\frac{d}{D}\right) \tag{2-6c}$$

其中，ψ 是某类适合的函数。公式(2-6a) 只是公式(2-6c) 的一种特殊情况，因此公式(2-6) 给出的 Meyer 公式只是几何相似原则的一个特定情况，而非这个原则的注解。

另一方面，公式(2-6b) 取决于 Meyer 法则的表达形式。由于 Meyer 法则不是完全精确的，一个直径为 10mm 的球形压头和 3000kg 压力与直径为 1mm 的球形压头和 30kg 压力并非完全等价的。但在大多数实际应用中，它们之间的差异很小，可以忽略。

对于布氏或 Meyer 硬度法，试验中可以直接测量压痕的直径。对于其他方法，可以像洛氏硬度法中直接测量压痕的深度，也可以像莫氏硬度法中测量达到规定压痕深度所需要的载荷。这些以及其他实用的硬度测量法在 O'Neill 书中都有介绍，但在本书中只做简单讨论（见第七章）。很显然，金属材料的基本性能可以由 Meyer 的两个经验公式所确定。在下面的章节中，作者将为这些公式提供一个理论基础，并说明如何用金属的基本物理特性来表示硬度。在这之前，应先了解一些与球形压头硬度试验相关的实用知识。

三、布氏硬度和 Meyer 硬度的比较

在各种不同的载荷水平下，将布氏硬度和 Meyer 硬度做比较。图 2-4 分别给出经过退火处理和应力强化处理的铜试件的试验结果。从图中可以看出，Meyer 硬度值位于一条单调函数曲线上。对于尺寸较大的压痕，随着压痕曲面面积的增加，布

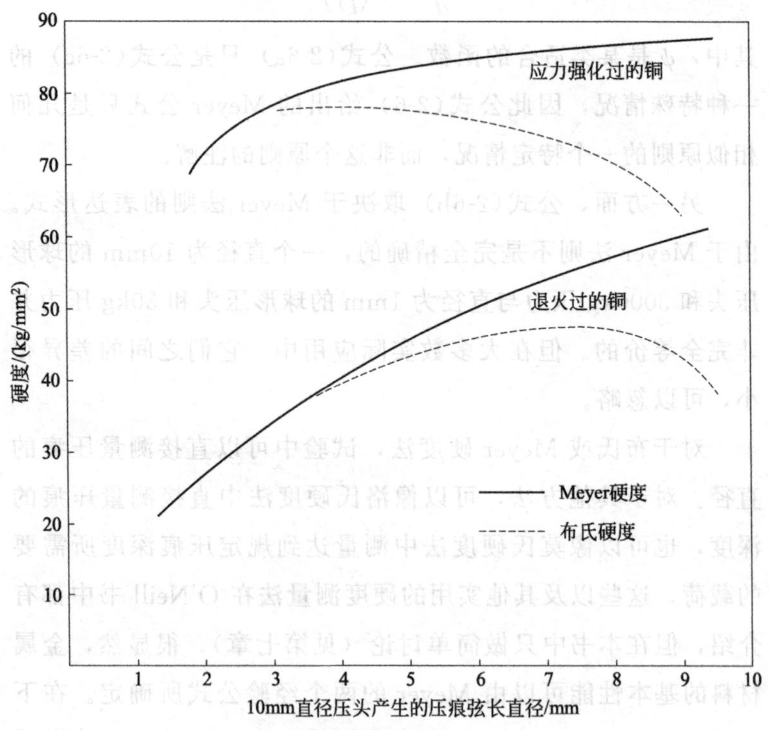

图 2-4　经过退火处理和应力强化处理过的铜材料的布氏硬度和 Meyer 硬度值

氏硬度值先增加而后减小。并且对于应力强化过的铜材料，Meyer 硬度基本为常数且与载荷无关，即抵抗压痕变形的平均压应力近似为常数，对应的 Meyer 指数 n 取 2。布氏硬度在试验开始时基本为常数，随着载荷的增加、压痕曲面尺寸的增加，布氏硬度逐渐降低。因此，较高载荷下的布氏硬度会小于较小载荷下的布氏硬度，即压痕越大，金属材料的材质越软。

布氏硬度的误导特性，对于应力强化的金属材料是很明显的。譬如，对于退火过的铜材料，随着载荷的增加（对应压痕尺寸的增加），抵抗压痕变形的平均压应力（即 Meyer 硬度）逐渐增加。这要归因于金属材料随着压痕的逐步形成，出现了应力强化效应。但布氏硬度随着载荷的增加，出现开始增加而后减小的现象。较大试验载荷下的布氏硬度使我们认为，较大试验荷载下的金属材料的应力强化程度不如中等载荷下的强化程度。但是，实际情况并非如此。显然，在球形压头硬度试验中，Meyer 硬度值是一个更加令人满意和更为基础性的概念。

四、 Meyer 法则的适用范围

研究发现，当压痕尺寸接近于球形压头的直径时 Meyer 公式 $W=kd^n$ 也适用。与此同时，Meyer 法则的应用范围有一个下限。对于小的压力载荷（对应小的压痕变形），由试验数据点的对数表给出的指数值 n 会偏高。O'Neill 书中采用直径 $D=10$mm 和 $D=20$mm 的球形压头时的试验结果如图 2-5 所示，图中显示了这种影响的存在。从图中可以看出，只要压痕直径 d

大于 0.5mm，就可以满足 Meyer 法则，同时可以得到正常的指数值 n。实际上，Meyer 将公式适用范围的下限固定在 $d/D=0.1$ 左右。从后面章节可以看到，这个下限值取决于待测金属材料的硬度值。关系式 $W=kd^n$ 适用于较大的压痕尺寸，对于较小的压痕，n 的值趋向取上限值 3。

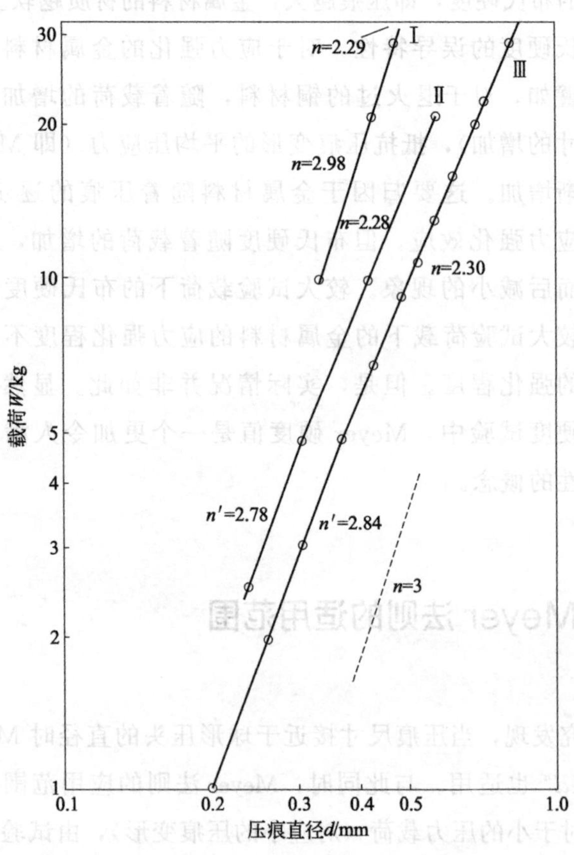

图 2-5　载荷 W 和压痕直径 d 之间的关系图

曲线Ⅰ—钢 W，$D=10$mm；曲线Ⅱ—钢 A，$D=10$mm；曲线Ⅲ—软钢，$D=20$mm

五、表面粗糙度的影响

已有研究表明，各种不同试验条件下，表面粗糙度对压痕尺寸几乎没有影响，只要压痕本身尺寸明显大于金属表面不规则性尺寸。这个结论对于实际应用很重要，因为这意味着金属试件表面没有必要很光洁，一样可以进行可靠测量。一个锈蚀的球形压头与一个光洁的球形压头会给出相同的硬度值，这一点对于较小的压力载荷尤其有用，因为在较小的压力载荷下光滑球形压头并不总是会形成一个清晰的压痕。

六、压痕变浅

当移走载荷及球形压头，可以发现金属材料表面最终压痕的曲率半径要大于球形压头的曲率半径。Foss 和 Brumfield (1922) 通过细致测量已经证明，压痕是球形的并且对称，对于硬质金属材料，压痕的曲率半径大约是球形压头曲率半径的 3 倍。这个效应在硬度试验文献中被称为回弹，通常归因于金属试件中弹性应力的释放，很多经验公式已经被提出用以修正实际硬度测量中的变浅效应。但几乎没有这方面的理论分析工作，可以将其与金属材料及压头的弹性特性联系在一起。

当压头移走后，压痕的弦长直径会减小，但通常这个影响很小，偏差在几个百分比之内。因为压痕的变浅效应，弹性回弹后压痕深度测量比弦长直径测量更加不可靠。实际上，根据弹性回弹后的压痕直径所导出的平均压应力，与载荷移除前压头和试件表面之间的平均压应力相比，偏差在几个百分比以内。

七、堆起和凹陷

因为压痕处金属的移位，压痕周围金属材料会出现很明显的变形。常见的一类情况，变形后的金属材料会向上挤出，形成一个抬高的凹坑。金属表面出现材料移位的总体直径大约是压痕直径的 2 倍，这种效应称为堆起，见图 2-6(a)[上述影响效果已被放大，清楚地表现了相对于最初平整表面（虚线）的变形]。这种效应对于高度应力强化的金属材料尤其明显，其 Meyer 指数 n 取值接近 2。

(a) 高度强化过的金属材料，观察到“堆起”现象

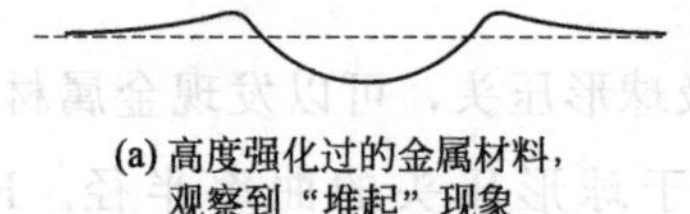

(b) 退火处理过的金属材料，观察到“凹陷”现象

图 2-6　球形压头下压痕周边的变形

另一类情况，对经过退火处理的金属材料，压痕周边的材料有被下压的趋势，这种效应称为凹陷，见图 2-6(b)。这种下压的趋势只在压痕边缘可以观察到，在距离压痕一定距离外，常常会看到金属表面略微高出原先表面。堆起和凹陷

都会给压痕直径造成一定的偏差，很多经验公式已经被提出来用于修正这种影响。

八、无应变的压痕

大家早就意识到压痕成型的本身会增加金属材料的有效硬度，从而导致硬度试验本身会改变试验金属材料的硬度值。通过应用 Meyer 经验公式，可以考虑压头压入过程中金属材料的应力强化问题。通过一种不产生任何应力强化的方式来确定金属材料的绝对硬度，这方面已经进行过很多尝试。这只能通过硬度试验过程中不产生明显的塑性变形，即无应变塑性变形来实现。目前已经提出两种无应变的试验方法。第一种方法由 Harris（1922）提出，包括在金属试件表面同一点使用同一载荷制作一系列连续的压痕，每次载荷作用后通过退火处理来消除应变强化的影响。经过十次退火处理后，Harris 发现最终载荷会“漂浮”在压痕上，不会造成压痕尺寸的进一步增加。在这个阶段，压头完全是由金属材料中的弹性应力来支承。退火处理后的铜金属最初给出的 Meyer 硬度大约是 40kg/mm^2，Harris 发现经过上述一系列的压痕试验操作后，最终材料硬度测量值已经降至 15kg/mm^2。这与在很小载荷作用下直接测量得到的硬度值很接近。

Harris 的方法限制在进行退火处理的金属材料上。Mahin 和 Foss（1939）使用一个切削半径为 5mm 的半球形切削工具，在待检测的金属试件上通过手工打磨和抛光制出多个凹坑，并假设这种试件准备方法不会在金属材料中产生明显的应力强化。试验使用一个10mm直径的压头，确定哪个凹坑可以支承一个给定的载荷而不会造成表面凹坑尺寸的进一步扩大，即不造成进一步的塑性变形，这个阶段的Meyer硬度被视为金属材料的绝对硬度。试验人员发现绝对硬度大约是金属常规硬度的三分之一。

九、极限抗拉强度和布氏硬度

工程界广泛使用布氏硬度试验的一个原因是金属材料的布氏硬度和其极限抗拉强度之间存在一定的经验关系。极限抗拉强度是金属材料受拉破坏之前能够承受的最大名义应力，为受拉试件的最大载荷与其原先横截面面积之比。这个物理量在实际工程应用中很重要，其与材料布氏硬度的比例关系在表2-1中给出（Greaves和Jones，1926）的著作。布氏硬度的单位是 $kg/mm^2$❶。

表 2-1　不同金属材料极限抗拉强度与布氏硬度的比值

金属材料	极限抗拉强度与布氏硬度的比值	
	kg/mm^2	$tons/in^2$
热处理合金钢	0.33	0.21
热处理碳素钢	0.34	0.215
中碳钢	0.35	0.22
低碳钢	0.36	0.23

❶　布氏硬度的单位应为 kgf/mm^2，考虑到与原著一致，故本书稿中沿用原著的单位。

从表中可以看出，当硬度值采用 kg/mm² 单位时，表中所给出金属材料的最大名义应力（或者极限抗拉强度）大约是其布氏硬度的三分之一。研究还发现，对于大多数未出现明显应力强化的金属材料也存在相同的比例关系。另一方面，对于会出现明显应力强化的金属材料，这个比值会更大。譬如，对于经过退火处理的镍，这个比值大约是 0.49；对某些奥氏体钢材大约是 0.52；对于经过退火处理的铜大约是 0.55。总结上述试验结果，我们可以引用 O'Neill 的结论：尽管不存在一个对所有金属材料都适用的固定比值，如果 Meyer 指数 $n=2.2$ 或者更小，极限抗拉强度与布氏硬度的比值大约是 0.36（单位采用 kg/mm²）；如果 Meyer 指数 n 大于 2.2，极限抗拉强度与布氏硬度的比值常常大于 0.36。

我们会在第四、第五和第六章，借助当球形压头压入塑性金属材料时所涉及的基本物理过程，来解释 Meyer 公式和上面提到的诸多结论。在讨论这个问题之前，我们先研究塑性金属材料的压痕和变形等更为基础性的问题。

参考文献

BRINELL，J. A. （1900），***II*. *Cong. Int. Méthodes d'Essai***，Paris. For the first English account see A. Wahlberg（1901），*J. Iron & Steel Inst.* **59**，243.

FOSS，F.，and BRUMFIELD，R. （1922），*Proc. Amer. Soc. Test. Mat.* **22**，312.

GREAVES，R.，and JONES，J. A. （1926），*J. Iron & Steel Inst.* **1**，335.

HARRIS，F. W. （1922），*J. Inst. Metals*，**28**，327.

MAHIN，E. G.，and FOSS，G. J. （1939），*Trans. A. S. M.* **27**，337.

Meyer，E.（1908），*Zeits. d. Vereines Deutsch. Ingenieure*，**52**，645，740，835.

O'Neill，H.（1934），*The Hardness of Metals and Its Measurement*，Chapman and Hall，London.

第三章
理想塑性金属材料的压痕和变形

对于布氏硬度试验中产生的压痕，我们主要关注硬质压头周围金属材料的塑性变形。本章简单讨论了金属材料塑性变形的特性。

一、应力和应变

取一个等截面圆柱形金属试件，沿着其轴线方向作用拉伸或压缩载荷。测量金属试件长度的变化即应变，它是变形过程中应力的函数。应力的定义有两种方式。如果试件在受拉或者受压时仍保持等截面，则真实应力等于拉伸或压缩载荷除以试件变形阶段的横截面面积，名义应力等于拉伸或压缩载荷除以试件最初的横截面面积。

应变的定义也有好几种方式，最简单的叫做线性应变，它是试件长度变化的比值。如果 l_0 为最初的杆件长度，l 为后续阶段的长度，那么 $\varepsilon=(l-l_0)/l_0$。对于应变 ε，拉伸为正、受压为负。除了使用长度来表示应变 ε 外，也可以使用截面面积 A_0 和 A 来表示。因为金属材料塑性变形过程中体积变化很小，所以对于塑性变形有：

$$\varepsilon=\frac{l-l_0}{l_0}=\frac{A_0 l-Al}{Al}=\frac{A_0-A}{A}$$

另一种测量应变的方式就是考虑杆件截面的变化。我们将这个叫做截面应变，其定义为：

$$\varepsilon_r=\frac{A_0-A}{A_0}$$

显然，这与线性应变 ε 是有区别的，尤其是截面面积有较大变化的情况。需要注意的是，ε_r 也是受拉为正、受压为负。

如果涉及较大的变形，通常采用对数应变 ε^* 更加合适。对于任何阶段的单元应变，都有 $d\varepsilon^*=(dl)/l$，因此有 $\varepsilon^*=\ln\frac{l}{l_0}$。使用对数应变在对比受拉和受压试验数据时很有帮助。如果等截面圆柱形试件均匀受拉至其长度的2倍，线性应变值为 $\varepsilon=(2l_0-l_0)/l_0=100\%$。受压时，试件必需挤压至厚度为零才可以得到100%的线性（负）应变。

通常我们认为将圆柱形试件压缩至其长度的一半，其应变数值上等同于受拉时将圆柱形试件拉伸至其原来长度的两倍，符号相反。采用对数应变就会产生这种相互对应的关系，受拉时 $\varepsilon^*=\ln 2$，受压时

$$\varepsilon^*=\ln\frac{1}{2}=\ln 1-\ln 2=-\ln 2$$

如果在受拉时使用线性应变而受压时使用截面应变，就可以得到类似的对应关系。试件受拉至其两倍长度时得到的线性应变为 $\varepsilon=100\%$，而使受压至其原来长度的一半时，得到一个负的截面应变 $\varepsilon_r=100\%$。两个应变初一看并不一致，但与对数应变反映的结果一致。原因很简单，根据对数应变的定义，受拉时的比值 l/l_0 等于受压时的比值 l_0/l，受拉应变等于受压时的应变。如果将上述比值减去1，等式仍然有效。因此，如果受拉时的项次 $l/l_0-1\,[=(l-l_0)/l_0]$ 等于受压时的项次 $l_0/l-1[=(l_0-l)/l]$。第一项就是线性应变 ε，记住 $A_0l_0=Al$，第二项就是带负号的截面应变 ε_r。由此可见，如果对数应变给出受拉和受压时相互对应的应变，那么受拉时的线性应变和受压时的截面应变之间可以找到同样对应的关系。

大多数情况下，使用线性应变已经足够准确了。接下来讨论的金属材料在拉伸载荷下的应力-应变特性就使用线性应变。

二、拉伸时真实的应力-应变曲线

首先讨论一理想塑性金属材料在拉伸载荷下的工作特性，并将线性应变 ε 作为真实应力 Y 的函数绘制出来。起初，试件的长度会略有增加，其与试件内的应力（载荷）大小成正比。这个阶段变形是弹性的，并且遵循胡克定律，载荷移走试件就会恢复到最初的长度，见图 3-1 中 OA 段。OA 为（可逆）弹性阶段，OA 段的斜率，即应力与应变的比值，就是金属材料的弹性模量。到达弹性极限 Y_0（B 点）后，材料开始屈服进入塑性，随着变形的进一步加大，屈服应力保持不变。在屈服后续各阶段，如果应力开始减小，应力-应变曲线遵循可逆的路径 DO'（或者 $D'O''D''$）。

当应力达到一定数值后，试件会出现不可逆的伸长变形，这个数值对应的应力叫做弹性极限 Y_0。如果材料不出现应力强化，也就是说应力在变形增加时保持恒定，应力-应变曲线是一条平行于应变轴的直线，见图 3-1 中 BC 段。假设从其上任一点 D 开始减小应力（载荷），试件会沿着 DO'线弹性回缩，且 DO'线基本与 AO 线平行。

当载荷完全卸除，试件会产生一个大小为 OO'的永久塑性变形。如果重新增加载荷，试件会沿着 $O'D$ 线产生弹性变形，然后沿着 DC 线产生进一步的塑性变形。实际上，大多

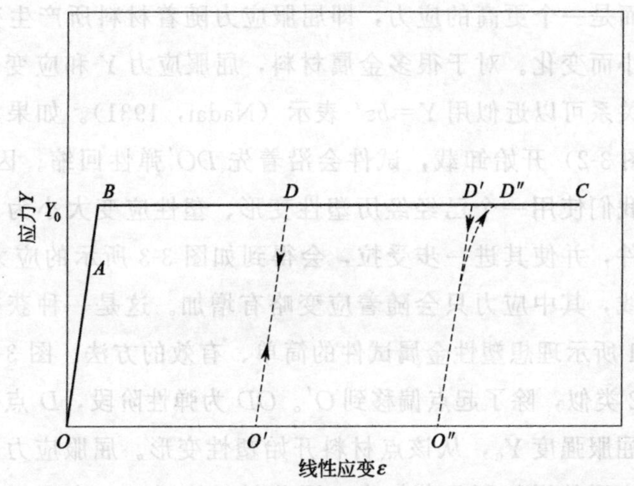

图 3-1　理想塑性金属材料拉伸时的真实应力-应变曲线

数金属材料都会表现出一定程度的应力-应变滞后，当应力移除并重新加载后，会得到如图 $D'O''D''$所示的应力-应变曲线。但这个影响常常很小，将应力-应变曲线考虑成直线 DO'足够精确。Y 为常数且具有如图 3-1 所示的应力-应变曲线的金属材料被叫做理想塑性（严格来说，叫理想弹塑性）材料。实际上没有一种金属材料是理想塑性的，但可以找到一些与上述特性很相近的金属材料。

实际上随着变形的产生，所有金属都会出现应力强化，应力-应变曲线基本如图 3-2 所示。图中 OA 为弹性阶段，B 点代表弹性极限或屈服强度 Y_0，在该点金属材料开始塑性变形。随着变形进一步加大，在出现塑性变形的同时，应力逐步增加。一旦材料出现塑性变形，要产生进一步屈服所需要的应力首先迅速增加，然后逐渐变得平缓。因此，从任一点 D 开始产生进一步塑性流动所需要的应力不再是初始屈服应力，而是一个更高的应力，即屈服应力随着材料所产生变形的大小而变化。对于很多金属材料，屈服应力 Y 和应变 ε 之间的关系可以近似用 $Y=b\varepsilon^{x}$ 表示（Nadai，1931）。如果从点 D（图 3-2）开始卸载，试件会沿着先 DO' 弹性回缩。因此，如果我们使用一个已经经历塑性变形、塑性应变大小为 OO' 的试件，并使其进一步受拉，会得到如图 3-3 所示的应力-应变曲线，其中应力只会随着应变略有增加。这是一种获得如图 3-1 所示理想塑性金属试件的简单、有效的方法。图 3-3 与图 3-2 类似，除了起点偏移到 O'。OD 为弹性阶段，D 点代表初始屈服强度 Y_0，从该点材料开始塑性变形。屈服应力不会随着变形的增加而显著加大，因此材料接近于一个理想塑性金属材料。

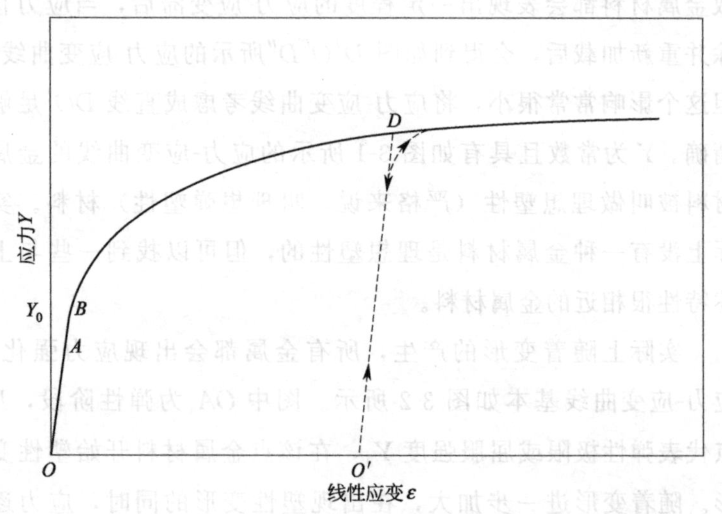

图 3-2　因变形而应力强化的金属材料拉伸时的真实应力-应变曲线

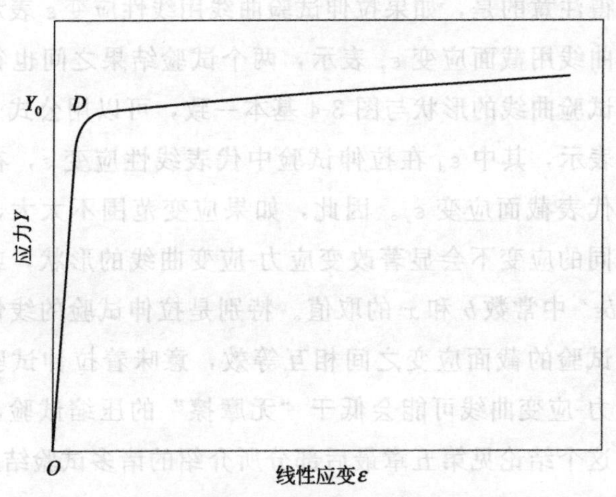

图 3-3　已经出现应力大小为 OO'（图 3-2）塑性变形的金属材料的真实应力-应变曲线

三、拉压载荷下真实的应力-应变曲线

如果金属材料受压，试验结果与上述受拉情况基本相同。如果材料试件和加压铁砧之间的摩擦力很小，最早出现塑性屈服的应力与拉伸试验的结果相同，两种情况下的应力-应变曲线特征也基本一致（Ludwik 和 Scheu，1925）。部分退火处理的铝材受拉和受压时典型的应力-应变曲线如图 3-4 所示，图中采用真实应力和对数应变表示，试验由 Tipper 完成。拉伸试验在标准拉伸试验条件下进行，受压试验是在充分润滑过的铁砧之间进行。可以看到，拉伸和压缩试验的试验结果基本落在同一条曲线上。我们还可以观察到，试验结果基本落在曲线 $Y=12\ (\varepsilon^{*})^{0.28}$ 附近，其中 Y 的单位是 kg/mm^2。

值得注意的是，如果拉伸试验曲线用线性应变 ε 表示，压缩试验曲线用截面应变 ε_r 表示，两个试验结果之间也符合得很好。试验曲线的形状与图 3-4 基本一致，可以用公式 $Y=11\varepsilon_d^{0.25}$ 来表示，其中 ε_d 在拉伸试验中代表线性应变 ε，在压缩试验中代表截面应变 ε_r。因此，如果应变范围不太大，变换使用不同的应变不会显著改变应力-应变曲线的形状，或者公式 $Y=b\varepsilon^x$ 中常数 b 和 x 的取值。特别是拉伸试验的线性应变和压缩试验的截面应变之间相互等效，意味着拉伸试验时真实的应力-应变曲线可能会低于“无摩擦”的压缩试验，反之亦然。这个结论见第五章最后部分所介绍的诸多试验结果。

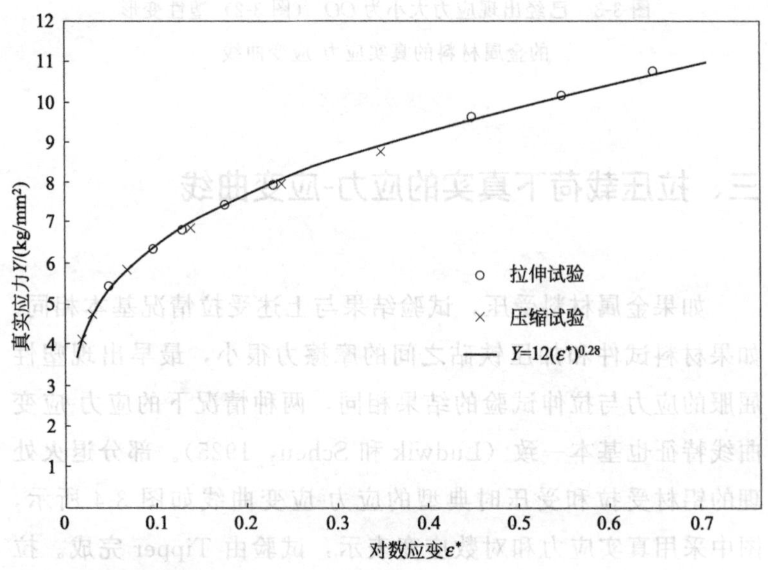

图 3-4　经过部分退火处理的铝合金的真实应力-应变曲线（Y-ε^*）

如果试件和加压铁砧表面之间存在比较显著的摩擦力，压缩试验时产生塑性流动所需要的应力要高于真实的屈服应力。这种情况下，拉伸和压缩试验的应力-应变曲线就会出现比较显著的差异。

这里，关于金属材料的变形问题有一点值得提醒。金属的弹性工作特性主要归结为原子间作用力，它们基本不受材料应力强化程度的影响。因此，弹性模量基本不受金属材料应力强化程度的影响。正因为如此，图 3-1 和图 3-3 中直线 *OD* 的斜率与直线 *OA* 的斜率基本相同。与之相对，金属材料的塑性特性取决于金属晶格沿着某个特定的晶格平面滑移。尽管它们都与晶格结构和原子间的作用力相关，弹性模量和弹性极限之间没有直接的联系。但实际情况往往是较软的金属弹性模量也较小，而较硬的金属具有较大的弹性模量。

四、拉伸载荷下名义应力-应变曲线

在这个阶段，简单讨论一下拉伸试验中普遍使用的应力-应变曲线形式。我们通常使用长度比值的变化（即线性应变）作为横坐标，而使用名义应力而非真实应力（即载荷除以试件最初的横截面面积）作为纵坐标。一个出现应力强化金属材料的典型应力-应变曲线如图 3-5 所示。*OA* 段表示初始弹性变形阶段，*AB* 段表示最早的塑性变形阶段。随着拉伸变形不断增加，试件的横截面面积逐渐减小，金属材料在不断应力强化。到达 *C* 点时名义应力达到最大值，过了 *C* 点横截面减小的速度加快，超过真实屈服应力增加的速度，试件承载力开始退化，最终在 *D* 点断裂破坏。名义应力逐步增加达到最大值 T_m 后开始下降，但真实应力仍然继续增加。

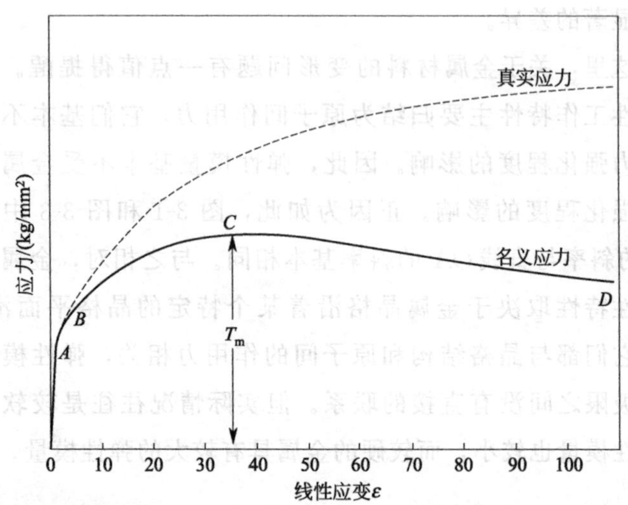

图 3-5 产生应力强化金属材料拉伸时的名义应力-应变曲线

图 3-6 给出一个理想塑性金属材料拉伸时的名义应力-应变曲线。拉伸试件一旦达到屈服应力 Y_0、出现塑性变形，试件横截面就开始缩减，因此尽管真实屈服应力保持恒定，名义屈服应力在不断减小，直至在 D 点断裂破坏。显然，这种情况下最大名义应力 T_m 与屈服应力 Y_0 基本相同。显然，与名义应力相比，真实应力是一个更为基础性的概念。尽管如此，实际工程中名义应力还是一个非常有用和使用方便的变量。

五、组合应力下的塑性变形

到这里为止，我们已经介绍了金属材料在均匀受拉或者

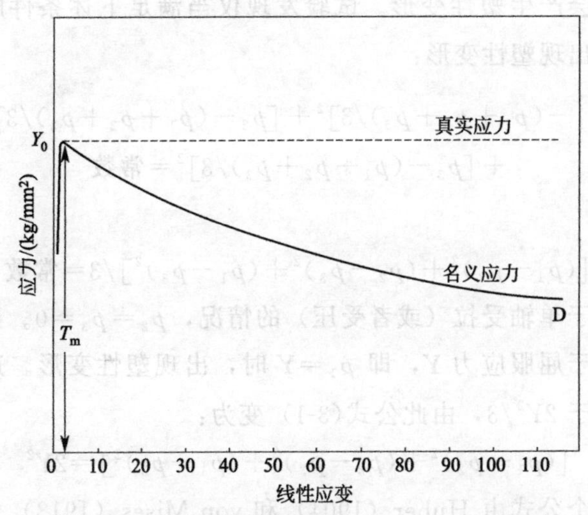

图 3-6 理想塑性金属材料拉伸时的名义应力-应变曲线

均匀受压条件下的塑性变形问题。当硬质压头压入一个金属材料表面，所涉及的应力不是简单的拉应力或压应力。压头下面会产生各个方向的应力，需要考虑组合应力下的塑性变形问题。一个关于金属材料组合应力条件下工作性能的试验结论是：静水压力下材料不会出现塑性变形。实际上，如果一个金属圆柱体在单轴应力情况下的屈服应力是Y，那么在静水压力上仍然需要叠加一个单轴应力 Y 才会产生塑性变形。因此我们可以预料，如果金属材料处于组合应力状态下，应力中产生塑性变形的有效部分是扣除静水压力部分后剩余的那一部分。假设金属材料承受三个方向的主应力分别为 p_1、p_2、p_3 的组合应力，可以将其等效为一个静水压力分量 $(p_1+p_2+p_3)/3$ 和三个偏应力分量之和，即 $p_1-(p_1+p_2+p_3)/3$ 、$p_2-(p_1+p_2+p_3)/3$、$p_3-(p_1+p_2+p_3)/3$。

静水压力分量对材料的塑性变形没有影响，只有偏应力分量才会产生塑性变形。试验发现仅当满足下述条件时，材料才会出现塑性变形：

$$[p_1-(p_1+p_2+p_3)/3]^2+[p_2-(p_1+p_2+p_3)/3]^2+[p_3-(p_1+p_2+p_3)/3]^2=\text{常数}$$

或者是

$$[(p_1-p_2)^2+(p_2-p_3)^2+(p_1-p_3)^2]/3=\text{常数} \quad (3\text{-}1)$$

对于单轴受拉（或者受压）的情况，$p_2=p_3=0$。当轴向应力等于屈服应力 Y，即 $p_1=Y$ 时，出现塑性变形。这使得常数等于 $2Y^2/3$，由此公式(3-1) 变为：

$$[(p_1-p_2)^2+(p_2-p_3)^2+(p_1-p_3)^2]=2Y^2 \quad (3\text{-}2)$$

这个公式由 Huber（1904）和 von Mises（1913）分别推导出来，用于更为普遍情况下材料的塑性变形条件。这个公式被叫做 Huber-Mises 塑性流动准则，并已经被大量的试验数据所证明（Nadai，1931）。

另一个可供选用的、更早的材料塑性屈服准则是由 Tresca（1864）提出，后由 Mohr（1900）加以改进。它是基于如下观点：当最大剪应力达到某个特定值时，材料就出现塑性变形。如果主应力分别是 p_1、p_2、p_3，对应的剪应力就是 $(p_1-p_2)/2$、$(p_2-p_3)/2$ 和 $(p_3-p_1)/2$。如果 $p_1>p_2>p_3$，最大剪应力就是 $(p_1-p_3)/2$，通常认为就是这个量决定了塑性变形的产生与否。我们可以通过考虑单轴拉伸的特殊情况来确定这个参数的准确值。由 $p_2=p_3=0$ 可以推导出最大剪应力等于 $p/2$，显然当它等于 $Y/2$ 时就会出现塑性变形。Tresca 提出当最大剪应力等于 $Y/2$ 时，通常材料就会出现塑性变形。因此，Tresca 或 Mohr 的塑性流动准则为：

$$p_2-p_3=Y，p_1>p_2>p_3 \quad (3\text{-}3)$$

显然，对于诸如退火处理的低碳钢，其上屈服点塑性屈服的条件更接近 Tresca 准则，而不是 Huber-Mises 准则。值得注意的是在两种情况下这些准则是基本一致的。第一种情况是任意两个主应力相等，譬如我们将 $p_2=p_3$ 代入公式(3-2)，得到的结果与公式(3-3) 相同。第二种情况是二维变形或者平面应变。已知在 p_2 方向上没有塑性变形的条件是 $p_2=(p_1+p_3)/2$。将这个值代入公式(3-2)，Huber-Mises 准则就变为：

$$p_2-p_3=\frac{2}{\sqrt{3}}Y$$

因此，塑性变形的条件就是公式(3-3) 给出的最大剪应力条件，但常数值大约要高 1.15 倍。

组合应力下材料的塑性流动还有其他准则，这些准则主要涉及其历史意义。顺便提到的一个是由 Haar 和 Karman 在 1909 年提出的屈服准则。他们提出：如果两个主应力相等（譬如说 p_2 和 p_3），考虑由大小为 p_2（或 p_3）的静水压力和一个方向大小为 p_1-p_2（或 p_1-p_3）单轴应力组合情况下材料的塑性变形。由此，他们提出塑性准则是

$$p_1-p_2=Y,\ p_2=p_3 \tag{3-4}$$

两个主应力相等的假设没有力学基础，但俄罗斯的研究人员重新提起这个公式。他们发现采用这个假设（准则）可以解决一些特定的、很难处理的塑性问题。

六、二维塑性变形的形成条件

详细介绍塑性变形问题的数学推导已经超出了本书的范

围，我们可以简单讨论一下其中所涉及的力学原理，并说明它们如何应用到诸多实际问题中。基于当应力满足 Huber-Mises 准则时就会产生塑性变形的假设进行分析。在二维塑性变形问题中，当最大剪应力达到临界值 k 时，材料就会出现塑性变形，其中 $2k=1.15Y$。这与采用 Tresca 准则得到的结果类似，除了临界值取 $k=0.5Y$ 或 $2k=Y$。因为采用这种方法解决的大多数都是二维塑性变形问题，显而易见的是不管采用什么塑性准则，处理问题的方法是一样的，只是 k 的取值有所变化，取决于是采用 Tresca 准则还是 Huber-Mises 准则。

在一个塑性变形大于弹性变形的区域，可以认为变形主要由金属材料的塑性变形所决定。这里首先要说明一点：对于出现塑性变形的任一点，其总应力可以表示成一个静水压力 p 和一个剪应力 k 之和，k 的值前面已经给出。考虑一个任意的二维平面单元，其承受主压应力 P 和 Q，见图 3-7。这些应力完全定义了单元的应力条件。由这些应力所产生的最大剪应力与 P 和 Q 成 45°角，其值大小为（$P-Q$）/2。如果在这个单元内材料出现塑性变形，最大剪应力会达到一个临界值，我们使其等于 k。根据 Tresca 准则 $2k=Y$，或者根据 Huber-Mises 准则 $2k=1.15Y$，可得到 $P=Q+2k$，因此可以用 Q 和 $Q+2k$ 来代替主应力。它们也可以写成为（$Q+k$）$-k$ 和（$Q+k$）$+k$。每个应力的第一项构成静水压力 $p=Q+k$，第二项涉及一个压力 k 和一个拉力 k，等效于一对与 P 和 Q 成 45°的正交剪应力 k。这些变换如图 3-7 所示。因此，当金属材料出现塑性变形时，任一点的应力都可以表示成一个剪应力 k 加上一个静水压力 p，其中 k 为常数，p 在点与点之间有不同值。最大剪应力 k 的线被叫做滑移线，但不要与显微镜下的滑移线或滑移带相混淆。塑性（流动）变形的整个区域由两条滑移线，α 线和 β 线所覆盖，彼此相互正交。

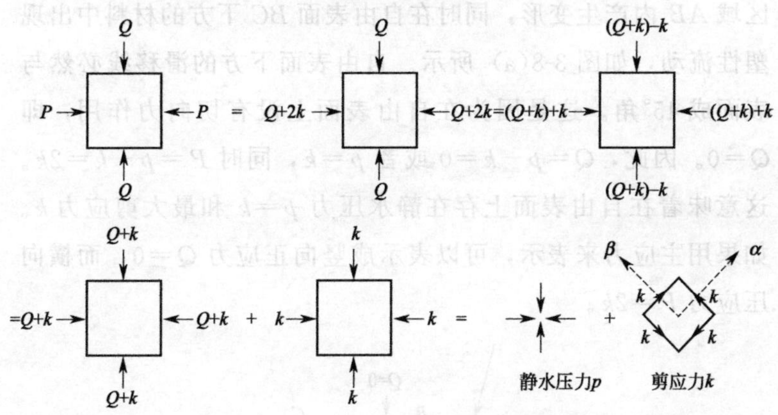

图 3-7　二维应力示意图

图 3-7 中主应力 P 和 Q 可以用一个静水压力 p 和一个最大剪应力 s 来代替，其中 $p=Q+k=P-k=(P+Q)/2$，$s=k$。

如果任一点的静水压应力已知，可以立刻推断出主应力大小，因为

$$\begin{aligned} P&=p+k \\ Q&=p-k \end{aligned} \tag{3-5}$$

详细的数学推导表明（Hencky，1923；Hill，Lee 和 Tupper，1947）：如果滑移线都是直线，那么 p 在整个塑性区都是常数。如果一个滑移线的切线与一个固定轴成一个角度 ϕ（当逆时针移动时，ϕ 为正），则有：

$$\begin{aligned} &\text{沿着 }\alpha\text{ 线：}p+2k\phi=\text{常数} \\ &\text{沿着 }\beta\text{ 线：}p-2k\phi=\text{常数} \end{aligned} \tag{3-6}$$

这首先由 Hencky（1923）根据单元的平衡条件得到，常

数的取值由边界条件确定。

现在可以考虑滑移线理论的诸多应用。假设金属材料在区域 AB 内产生变形，同时在自由表面 BC 下方的材料中出现塑性流动，如图 3-8(a) 所示。自由表面下方的滑移线必然与表面成 45°角。这是因为在自由表面上没有切向力作用，即 $Q=0$。因此，$Q=p-k=0$ 或者 $p=k$，同时 $P=p+k=2k$。这意味着在自由表面上存在静水压力 $p=k$ 和最大剪应力 k。如果用主应力来表示，可以表示成竖向正应力 $Q=0$，而横向压应力 $P=2k$。

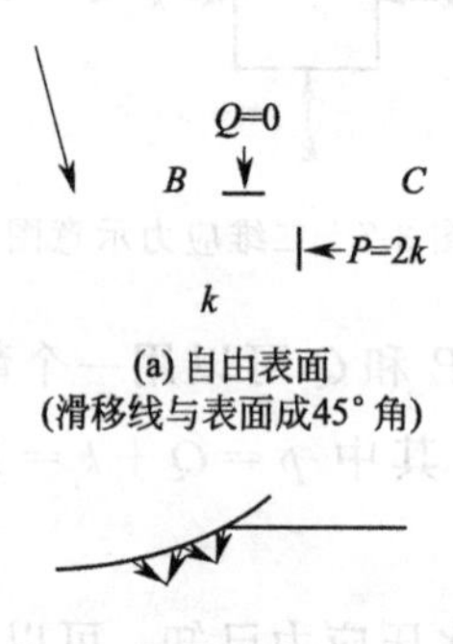

(a) 自由表面
(滑移线与表面成45° 角)

(b) 无摩擦的接触面
(滑移线与表面成45° 角)

(c) 有摩擦的接触面

图 3-8　已出现塑性变形金属材料表面处的滑移线

类似的，假设一个硬质压头压入一相对较软的金属材料内，如果接触面上没有摩擦，滑移线必然与二者接触面成 45°

角，因为这时接触面上没有切向合力，如图 3-8(b) 所示。但如果表面存在一定的摩擦，滑移线不再与接触面成 45°角，剪应力在平行于接触面方向上的分量所形成的合力等于接触面上的摩擦力，如图 3-8(c) 所示。

假设一个由理想塑性材料制成的二维平板，夹在两个相互平行的铁砧之间如图 3-9 所示（得到图中滑移线模式的前提是金属表面和刚性铁砧之间没有摩擦）。我们将其视为平面应变问题，因为材料受到限制，因此没有垂直于纸张平面的塑性流动。铁砧是刚性的，接触面上的摩擦可以忽略。这样滑移线与自由面成 45°角，与铁砧的接触面也成 45°角。塑性滑移线是多条直线如图 3-9 所示，因此在材料内部 p 都是常数。上面已经阐述过，自由表面上剪应力 $Q=p-k=0$，因此 $p=k$。但另一个正交方向的应力为 $P=p+k=2k$。因此根据 Tresca 准则，铁砧上的主应力为 $P=2k=Y$，因为在受压情况下产生金属材料塑性流动的应力就等于 Y。需要注意的是，如果采用 Huber-Mises 准则，临界压应力等于 $1.15Y$；但如果金属材料可以在第三个方向产生塑性流动，则 Huber-Mises 准则给出的压应力值也是 Y。

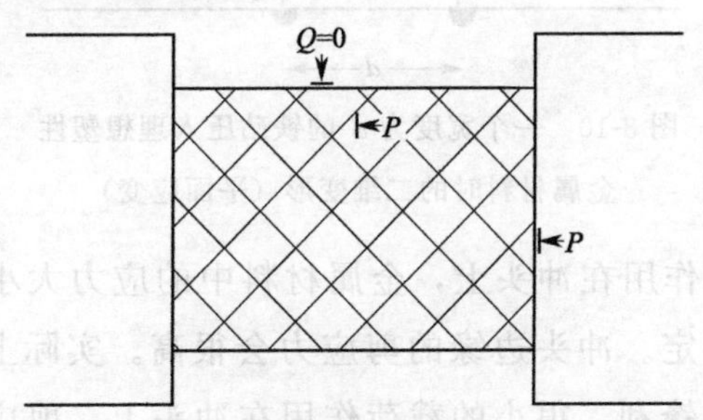

图 3-9　位于两个刚性平行铁砧之间、理想塑性的金属材料的二维变形（平面应变）

铁砧表面上摩擦力的影响很复杂，无法用滑移线理论来处理。在后面的章节可以看到，这个问题可以用一个简单的近似方法来处理。结果表明：铁砧表面上的压应力是不均匀的，中心处取最大值，平均值会高于上面给出的数值 $P=2k$。

七、平冲头下理想塑性材料的变形

塑性压痕已经得到解决的是那些只涉及二维塑性变形的问题。下面首先考虑金属材料在一个无限长、宽度为 d 的硬质平冲头下的变形问题见图 3-10（塑性变形首先从边缘 A 和 B 位置开始出现）。金属材料假设为理想塑性的，屈服强度为 Y。硬质冲头被视为刚性不变形体，同时冲头和金属表面之间的摩擦力很小，可以忽略不计。

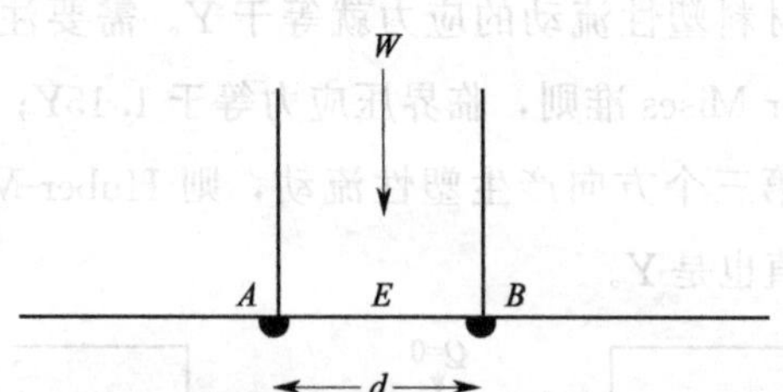

图 3-10　一个宽度为 d 的铁砧压入理想塑性金属材料时的二维变形（平面应变）

当载荷作用在冲头上，金属材料中的应力大小可以根据弹性方程确定。冲头边缘的剪应力会很高。实际上，如果冲头边缘十分锋利，很小的载荷作用在冲头上，剪应力也是无穷大的。因此，即便在最小的载荷作用下，A 区和 B 区的金属材料一开始也处于塑性状态，如图 3-10 所示。此时金属材料的其他部分还达不到塑性流动的条件，因此材料完全屈服的范围会很小，基本由其弹性特性所决定。随着作用在冲头上的载荷增加，金属材料进入塑性的区域逐渐增加，直到冲头周围的材料完全进入塑性变形状态，压头开始明显进入金属材料内。冲头表面的压应力大小首先由 Prandtl（1920）导出，下面介绍它是如何通过滑移线方法得到的。

同时满足塑性方程、应力和位移边界条件的滑移线形式如图 3-11 所示。4 个等腰三角形 CMA、ANE、ESB、BTG 代表主滑移线为直线且与金属和冲头的自由接触面成 45°角的区域。冲头两侧的三角形与冲头下方的区域通过以 A 和 B 为圆心的圆弧滑移线相连。滑移线与以 A、B 为中心的放射直线相互垂直。材料出现塑性变形的区域由边界 $CMDNESFTGC$ 所定义。现在考虑一条从 G_1 点出发的典型 α 滑移线，因为该点垂直方向的主应力 Q 为零，故 $p=k$。由此，沿着这条滑移线的公式可以写为：

$$p+2k\phi=k$$

其中，ϕ 为滑移线与 G_1T_1 方向的偏移角。因为 G_1T_1 是一条直线，沿着 G_1T_1 线 p 值没有变化。在 T_1 点，滑移线开始弯曲直到达到 S_1 点。滑移线转过一个 $\phi=-\dfrac{\pi}{2}$角度，因此在 S_1 点上有：

$$p-2k\frac{\pi}{2}=k$$

随着滑移线从 S_1 点过渡到 E_1 点，ϕ 的取值没有变化。因此在 E_1 点

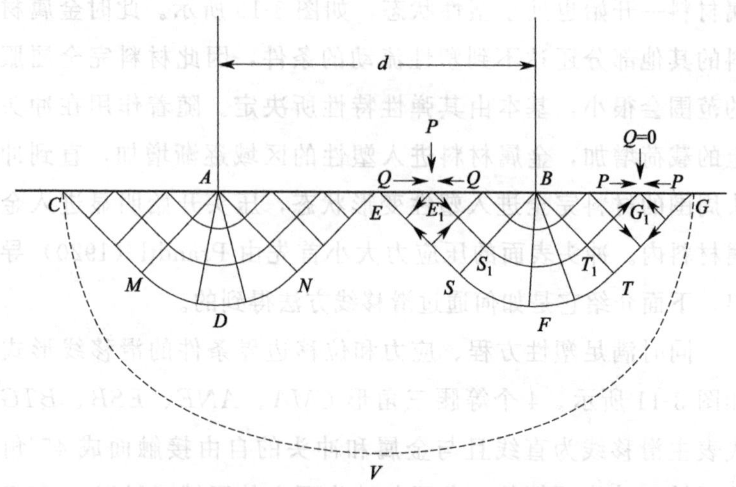

图 3-11　当产生大范围变形时，平冲头在理想塑性金属材料内部所产生的滑移线模式

$$p=k+2k\ \frac{\pi}{2}$$

现在可以确定 E_1 点的主应力。垂直于材料表面的压应力现在是 P，根据下式确定：

$$P=p+k=2k\left(1+\frac{\pi}{2}\right)$$

而横向应力现在是 Q，由下式确定：

$$Q=p-k=2k\ \frac{\pi}{2}$$

这意味着冲头下面位于 E_1 点位置材料所受的正压力大小等于 $2k\left(1+\frac{\pi}{2}\right)$，水平压应力等于 $2k\ \frac{\pi}{2}$。类似的研究表明，沿着冲头表面，所有点都可以得到相同的结果。因此在冲头表面正应力分布是均匀的，根据下式计算得到：

$$P=2k\left(1+\frac{\pi}{2}\right) \tag{3-7}$$

这个分析由 Prandtl（1920）和 Hencky（1923）完成。对于经过退火处理的低碳钢，适用 Tresca 准则，因此 $2k=Y$。对于其他大多数材料，适用 Huber-Mises 准则适用，$2k=1.15Y$。因此通常情况下，当冲头接触面上的压应力达到下列数值时：

$$P_m=2.6Y\sim3.0Y \tag{3-8}$$

接触区金属材料达到完全塑性，并形成压痕。这个关系式已经由 Nadai（1923）和其他研究者验证。需要指出的是，上面所讨论的二维变形问题类似于金属薄板的轧制问题，Orowan（1944）已经证明薄板轧制问题的压应力大小也基本由公式（3-8）确定。

金属材料塑性变形范围就是图 3-11 中 *CDEFGC* 所围成的区域。在这个区域内，相比于所产生的较大塑性变形，弹性变形可以忽略。与边界 *CDEFG* 相邻的区域内也会出现一些塑性变形，但这个区域塑性应变与弹性应变的量值基本相等。在区域 *CVG* 之外，金属处于弹性变形，其中的应变通常会很小（Hill，1950）。

八、摩擦力的影响

在“七、平冲头下理想塑性材料的变形”中做了如下假设：压头和金属材料之间没有摩擦，因此在压痕形成的过程中接触面上金属材料完全可以自由地侧向滑移。这种情况下，沿着冲头表面的压应力是均匀的，其值大小为 3Y。如果接触面存在显著的摩擦，这会增加压痕形成所需要的压力，因为压痕产生的过程中金属材料沿着压头表面会出现滑移。由于压痕中心位置（区域 E，图 3-11）的金属材料要比边缘位置（区域 A 和 B，图 3-11）的材料受到更多的约束，因此中心位置的压应力要高于边缘处的压应力。金属材料塑性流动的模式发生改变，整个接触面上平均屈服压应力因此提高。考虑摩擦效应的详细推导很复杂，但其影响大小可以通过考虑一个很简单的例子来认识，这个例子首先由 Siebel（1923）进行研究。

考虑一个位于硬质铁砧之间二维金属带的塑性屈服问题（图 3-12）。假设垂直于纸面方向没有位移（平面应变）。金属带宽 $d=2a$，厚度为 h，其弹性极限或屈服应力 Y 为定值。如果铁砧和金属带之间完全没有摩擦，则金属材料塑性屈服所需要的压应力沿着铁砧表面是均匀分布的，其大小为：

$$P_0=Y \quad 或 \quad P_0=1.15Y \tag{3-9}$$

取决于塑性流动法则是采用 Tresca 准则还是 Huber-Mises 准则。

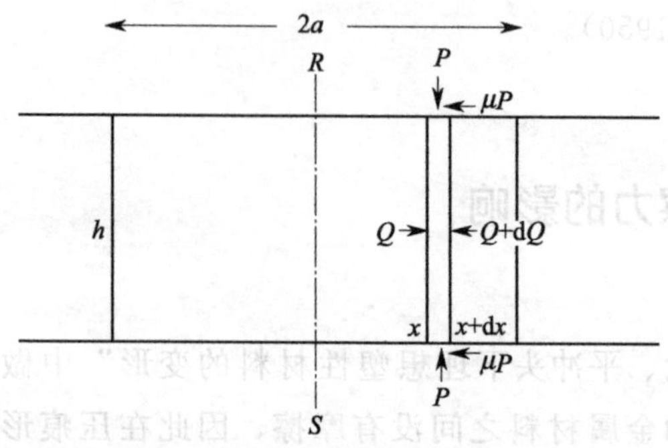

图 3-12 摩擦对位于两个平行铁砧之间的二维金属条形单元变形的影响

如果考虑接触表面之间的摩擦，屈服压应力值会增加，可以按照下面的方法计算其影响。因为对称性，金属材料在中心平面 RS 两侧会对称地塑性变形。考虑任一材料单元，距离中心为 x，厚度为 $\mathrm{d}x$。该单元受压后向右变形，受到接触面上向左的一个摩擦力。如果这个单元上的压力为 P，在与铁砧接触的每个面上都有向左的、单位长度为 $\mu P\mathrm{d}x$ 的摩擦力，其中 μ 为摩擦系数，因此总的摩擦力为 $2\mu P\mathrm{d}x$。它刚好与金属材料内部的水平压力 Q 的合力相等，该水平合力大小为 $h\mathrm{d}Q$。因此

$$h\mathrm{d}Q=-2\mu P\mathrm{d}x \tag{3-10}$$

这样，该单元承受一个横向压力 Q 和一个垂直压力 P。这在微元体单元中产生一个大小等于$\frac{1}{2}(P-Q)$的剪应力，根据 Tresca 和 Huber-Mises 准则，塑性流动的条件就简化为：

$$P-Q=\text{常数}$$

即有

$$\mathrm{d}P-\mathrm{d}Q=0$$

式（3-10）变为：

$$h\mathrm{d}P=-2\mu P\mathrm{d}x$$

积分得

$$P=A\mathrm{e}^{(2\mu/h)(a-x)} \tag{3-11}$$

我们可以假设在铁砧的边缘 $x=a$ 处没有摩擦效应，因此压力与无摩擦（P_0）的情况一样，即 $A=P_0$。或者可以说，在铁砧的边缘处 Q 必然为零，因为在自由表面上没有正应力作用。因此，这个边界上 P 必然会等于 Y，即等于 P_0，见式 3-9。因此有 $A=P_0$，从而得到：

$$P=P_0\mathrm{e}^{(2\mu/h)(a-x)} \tag{3-12}$$

压应力分布服从如图 3-13 所示的曲线。最大值在中心，其值大小为 $P_0 e^{(2\mu a/h)}$。如果指数值不太大，可以展开为 $P_0[1+(2\mu a/h)]$。由此，整个铁砧表面上的平均应力大约为：

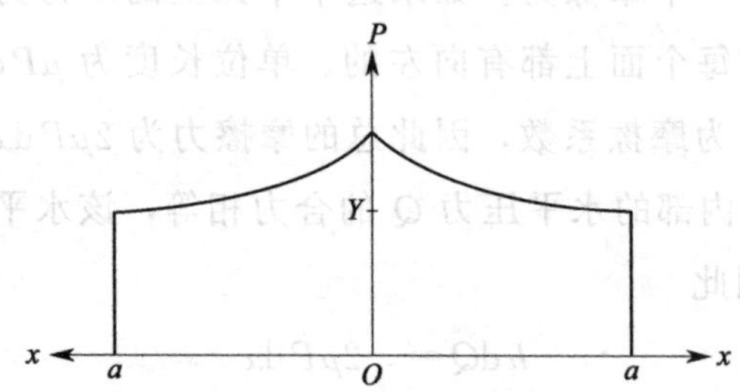

图 3-13　铁砧（图 3-12 中）压入屈服强度为 Y 的理想塑性金属材料时，铁砧表面上压应力的分布

$$P_m = P_0\left(1+\frac{\mu a}{h}\right) \tag{3-13}$$

如果 $h=a$ 且 $\mu=0.2$（经过润滑的金属表面的典型取值），可以得到 $P_m=1.2P_0$。因此，当表面摩擦系数位于合理取值范围时，塑性屈服开始时的平均压应力大约会增加 20%。实际上通过有意识地对铁砧进行润滑处理，并使试件在前后两次使用润滑剂之间变形尽量小，摩擦力的影响可以更小，大约在几个百分比。

当一个圆柱平冲头压入某个金属材料表面，塑性流动模式会明显不同于上述情况。尽管这样，摩擦效应的影响基本是同一数量级的。也就是说，对通常试验中所面对的金属表面状况，冲头压入金属表面的压应力不会比 3Y 左右的理论值高出几个百分点。

九、圆柱平冲头下的变形

尽管二维冲头问题的解答是准确的，要严格求解一个圆柱平冲头问题却是不可能的。但 Hencky（1923）和 Ishlinsky（1944）已经证明，当压应力值与公式（3-8）给出的数值基本相当时，圆柱平冲头就会刺穿金属表面。Ishlinsky 是基于 Haar-Karman 塑性准则得到的解答。

要求解这个问题，采用严格的数学方法是很棘手的，Hencky 和 Ishlinsky 均使用前面所介绍的 Haar-Karman 塑性准则。Ishlinsky 得到的滑移线形式如图 3-14 所示，图中虚线近似代表弹性和塑性的分界线，对应于图 3-11 中的 *CVG* 线。从图中可以看出，塑性滑移线以 45°角离开金属表面，同样以 45°角结束在冲头表面，因此滑移线均转过 90°角，尽管实际滑移线路径不同于图 3-11 所给的路径。

同二维模型一样，大家可能期望正压力在圆柱平冲头表面上均匀分布，大小为 $P=2k\left(1+\frac{\pi}{2}\right)$。由于 Ishlinsky 采用 Haar-Karman 塑性准则，并将其应用到三维问题，因此沿着滑移线的静水压力 p 不再遵循公式（3-6）的简单关系。静水压力 p 的大小取决于滑移线所走过的路径。这样，即便端面无摩擦，冲头表面上的正压力也并非均匀分布，而是中心要高于边缘区域，如图 3-15 所示。塑性压痕上的平均压应力 P_m 与 3Y 相差不大（Ishlinsky 详细计算得到的静水压力 $P_m=2.84Y$），其中 Y 为金属材料的屈服强度。这个关系已经基本得到了印证。

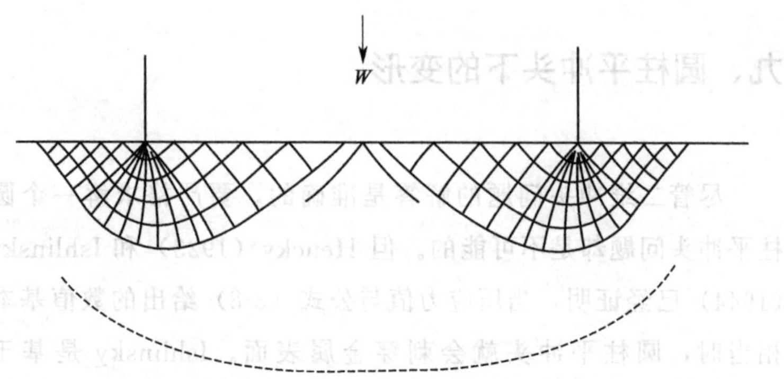

图 3-14　一个圆柱形平冲头压入理想塑性金属材料时的滑移线形式

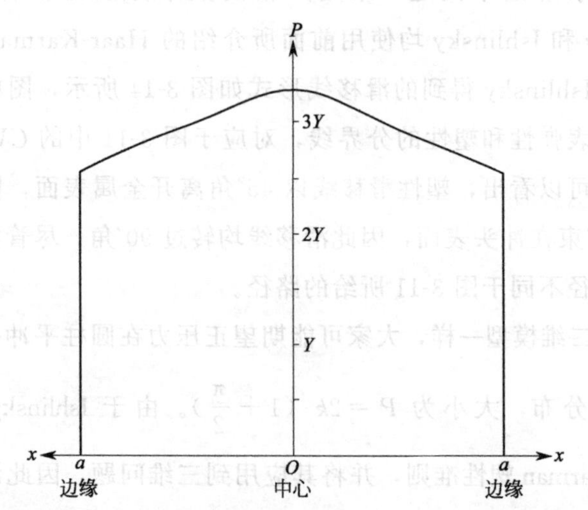

图 3-15　一个圆柱平冲头压入屈服强度为 Y（见图 3-14）的理想塑性金属材料时，接触面上压应力的分布

当然，如果圆柱平冲头和金属表面之间存在摩擦力，屈服压应力（即产生塑性屈服变形时的平均压应力）会更高。在实际进行的大多数压痕试验中，金属表面覆盖一层薄薄的

油脂，摩擦系数 μ 通常在 0.2 左右。因此，屈服压应力因摩擦力影响而增加的程度会很小。如果使用润滑剂，对于球形压头和浅棱锥压头或圆锥压头，会出现相同的情形。但如果金属表面无润滑层，摩擦系数 μ 会达到 1。这种情况下，摩擦力对于屈服压应力的影响非常显著。实际上，如果摩擦力很大，塑性滑移会在金属材料内部发生，而非在压头和金属材料的接触面上。另一方面，如果压头采用金刚石材料制作，则摩擦效应并不显著，因为金刚石滑过大多数未润滑金属材料表面的摩擦系数大约是 $\mu=0.1\sim0.15$，这个数值不会受是否存在润滑层的影响。

参考文献

Bragg, L. (1949), *Proc. Camb. Phil. Soc.* **45**, 125. Also *Nature* (1942), **149**, 511.

Haar, A., and von Karman, T. (1909), *Nachr. d. Gesellschaft d. Wissensch. zu Göttingen*, 204.

Hencky, H. (1923), *Z. ang. Math. Mech.* **3**, 250.

Hill, R. (1950), *The Mathematical Theory of Plasticity*, Oxford. This is an extremely valuable contribution to the theory of plastic deformation. It also discusses many practical metal-deforming processes.

——, Lee, E. H., and Tupper, S. J. (1947), *Proc. Roy. Soc. A*, **188**, 273.

Huber, A. T. (1904), *Czasopismo techniczne*, *Lemberg*.

Ishlinsky, A. J. (1944), *J. Appl. Math. Mech.* (*U. S. S. R.*) **8**, 233. An English translation by D. Tabor has been published by Ministry of Supply, A. R. D. (1947), Theoretical Research Translation No. 2/47.

Ludwik, P., and Scheu, R. (1925), *Stahl u. Eisen*, **45**, 373; see also

Ludwik, P. (1909), *Elemente der tech. Mech.*, Berlin.

von Mises, R. (1913), *Nachr. d. Gesellschaft d. Wissensch. zu Göttingen, Math.-phys. Klasse*, 582.

Mohr, O. (1900), *Zeits. d. Vereines Deutsch. Ingenieure*, **44**, 1; see also (1914), *Abhandlungen aus dem Gebicte der technischen Mechanik*, Ernst & Sohn, Berlin.

Nadai, A. (1931), *Plasticity*, McGraw-Hill, New York.

Orowan, E. (1943), *Proc. Instn. Mech. Engrs.* **150** (4), 140.

Prandtl, L. (1920), *Nachr. d. Gesellschaft d. Wissensch. zu Göttingen, Math.-phys. Klasse*, 74.

Siebel, E. (1923), *Stahl u. Eisen*, **43**, 1295.

Taylor, G. I. (1934), *Proc. Roy. Soc.* A. **145**, 362.

Tresca, H. (1864), *C. R. Acad. Sci., Paris*, **59** (2), 754.

第四章
球形压头下金属的变形：理想塑性材料

一、初始弹性变形

现考虑屈服强度为 Y 的理想塑性金属材料，在一个硬质的、半径为 r 的球形压头下的变形问题。假设硬质压头和金属表面之间的摩擦作用很小，可以忽略不计。

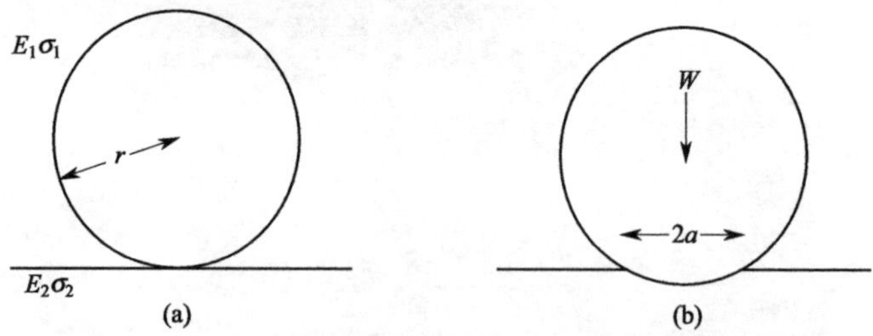

图 4-1 一个硬质球体在平整金属表面上所产生的变形

根据 Hertz（1881）的经典公式，当外载荷作用到球形压头上，压头和金属材料表面都会出现弹性变形。二者接触区域是一个半径为 a 的圆，见图 4-1（b），根据下面公式确定：

$$a=\sqrt[3]{\frac{3}{4}Wgr\left(\frac{1-\sigma_1^2}{E_1}+\frac{1-\sigma_2^2}{E_2}\right)} \tag{4-1}$$

其中，W 为所施加的外载荷，E_1 和 E_2 分别为压头和金属材料的弹性模量，σ_1 和 σ_2 为相应的泊松比。只要压痕变形是弹性的，硬质球所接触的圆周半径与 $W^{1/3}$ 成正比。

因为大多金属材料的泊松比取值在 0.3 左右，由此有

$$a=1.1\sqrt[3]{\frac{Wgr}{2}\left(\frac{1}{E_1}+\frac{1}{E_2}\right)} \tag{4-2}$$

由此可见，压痕的投影面积 A 正比于 $W^{2/3}$，接触区域上的平均压应力 P_m 正比于 $W^{1/3}$，见图 4-2。需要说明的是在二

者所接触的圆周范围内，压应力（正应力）并不均匀，在距离压痕中心为 x 的任一点处，压应力大小为 $P=P_0\sqrt{(1-x^2/a^2)}$，其中 P_0 为接触圆周中心处的压力，见图 4-3，由此可以得到 $P_0=1.5P_m$。

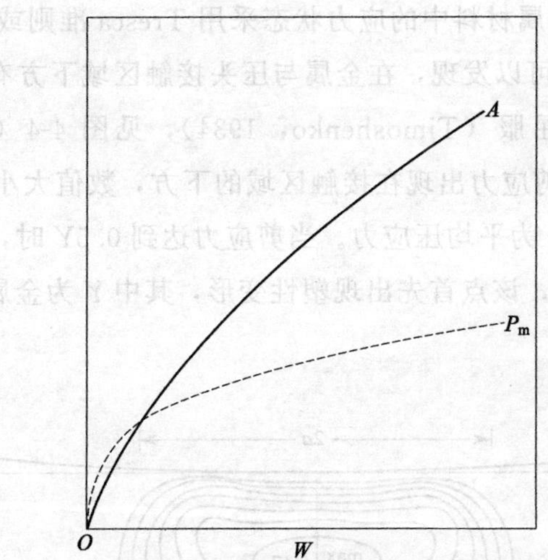

图 4-2　球形压头在平整金属表面上产生弹性变形

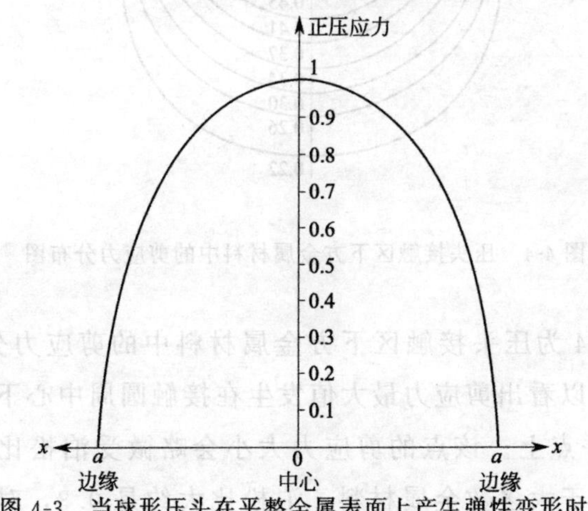

图 4-3　当球形压头在平整金属表面上产生弹性变形时，接触圆周上的压应力分布图

二、塑性变形的开始

如果对金属材料中的应力状态采用 Tresca 准则或 Huber-Mises 准则，可以发现，在金属与压头接触区域下方有一点首先达到塑性屈服（Timoshenko，1934），见图 4-4（Davies，1949）。最大剪应力出现在接触区域的下方，数值大小为 0.47 P_m，其中 P_m 为平均压应力。当剪应力达到 0.5Y 时，也就是当 $P_m \approx 1.1Y$，该点首先出现塑性变形，其中 Y 为金属材料的屈服强度。

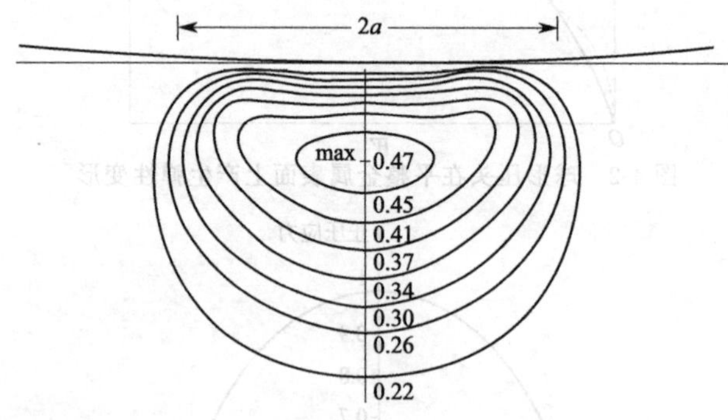

图 4-4　压头接触区下方金属材料中的剪应力分布图

图 4-4 为压头接触区下方金属材料中的剪应力分布图，从图中可以看出剪应力最大值发生在接触圆周中心下方大约 0.5a 的一点上。该点的剪应力大小会略微受泊松比取值的影响，对于大多数金属材料，泊松比大约是 0.3，对应的取值为 0.47P_m 左右，其中 P_m 为接触圆周内的平均应力。因

为该点上两个径向应力相等，无论采用 Tresca 准则或 Huber-Mises 准则，都可以导出当剪应力值达到 0.5Y 时，也就是 0.47P_m=0.5Y，会出现塑性流动。这也意味着当仅满足如下条件

$$P_m \approx 1.1Y \tag{4-3}$$

在这个区域会首先产生塑性变形。当平均压应力小于这个值时，压痕变形完全是弹性的。当载荷移除时，金属材料和压头表面恢复原来的形状。只要平均压应力 P_m 达到 1.1Y，图 4-5(a) 中 Z 点位置就会出现塑性变形，其余位置金属材料均为弹性变形，载荷移走后残余塑性变形很小。

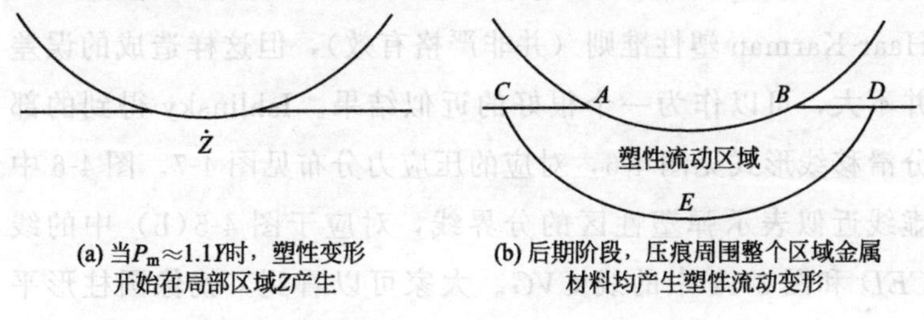

(a) 当$P_m \approx 1.1Y$时，塑性变形开始在局部区域Z产生

(b) 后期阶段，压痕周围整个区域金属材料均产生塑性流动变形

图 4-5 球形压头在理想塑性金属表面产生塑性变形

三、彻底或完全的塑性变形

随着作用在压头上的载荷逐渐增加，压痕周围的塑性变形范围随之增加，平均压应力会持续增加，直到压痕周围金属材料完全处于塑性变形状态，见图 4-5(b)。要准确定义这个阶段从什么时候开始，并不是一件容易的事情，最简单的

判断方法是当屈服压应力变化很小而压痕尺寸却在持续增加时，就进入全塑性阶段了。定义完全塑性变形阶段所面临的困难是进行理论研究无法避免的。这里假设如果压痕下方已经进入完全塑性变形阶段，则塑性滑移线场完全覆盖压痕周围的整个区域。即便这样，也无法进行严格的全塑性理论分析，因为塑性分析中的轴对称问题会形成一些无法克服的困难。

最近，Ishlinsky（1944）已经将 Hencky（1923）早期的研究工作进行了拓展，并发现采用 Haar-Karman 塑性准则从理论上确定完全塑性条件下球形压头和压痕之间的压应力是可能的。需要牢记的是这个分析是基于一个力学假定——Haar-Karman 塑性准则（并非严格有效），但这样造成的误差并不大，可以作为一个很好的近似结果。Ishlinsky 得到的部分滑移线形式见图 4-6，对应的压应力分布见图 4-7。图 4-6 中虚线近似表示弹塑性区的分界线，对应于图 4-5（b）中的线 *CED* 和图 3-11 中的线 *CVG*。大家可以看到，就像圆柱形平头冲头问题一样，压头表面上的压应力在所接触范围内并不均匀，而是中间高边缘低。但平均压应力 P_m，即压入载荷除以压痕的投影面积，取值在 2.66Y 左右。上述基于 Haar-Karman 塑性准则的分析方法并不研究金属材料的变形大小。

Ishlinsky 还发现，平均压应力 P_m 并不完全取决于压痕的大小，它会随着压头压入深度不断变化。研究表明，相同压力载荷下，一个圆柱形平冲头（小范围压入的极限情况）的压入深度要大于球形压头。试验结果表明 P_m 会随着压入深度的增加而增加，而不是减少。但是影响不是很明显，对于圆柱形平冲头 Ishlinsky 给出的计算结果是 $P_m=2.84Y$，这与

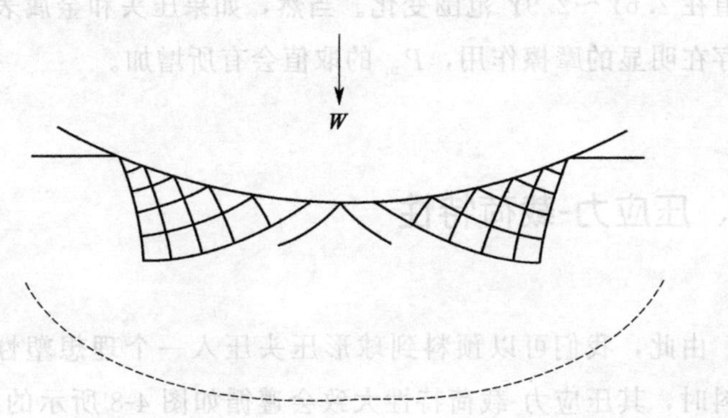

图 4-6　当球形压头压入理想塑性金属表面时，Ishlinsky 得到的部分滑移线形式

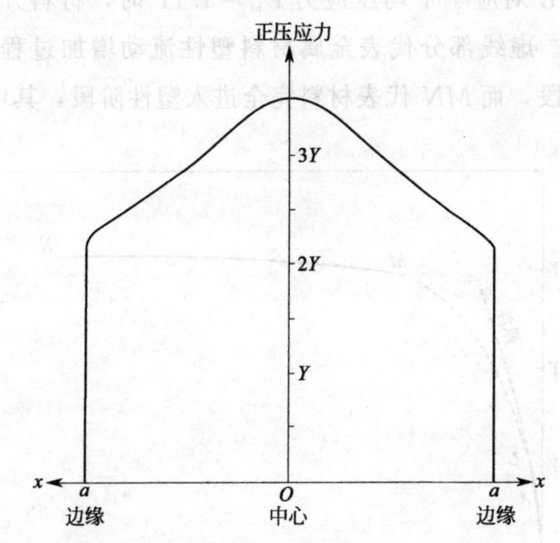

图 4-7　在理想塑性金属屈服强度恒定为 Y 的条件下球形压头形成的压痕的压应力分布图

球形压头的计算结果只相差几个百分比。实际上，从 Ishlinsky 的分析可以看到，在多数试验条件下，平均压应力 P_{m} 的

取值在 $2.6Y\sim2.9Y$ 范围变化。当然，如果压头和金属表面之间存在明显的摩擦作用，P_m 的取值会有所增加。

四、压应力-载荷特性

由此，我们可以预料到球形压头压入一个理想塑性金属材料时，其压应力-载荷特性大致会遵循如图 4-8 所示的曲线。OA 部分代表初始弹性变形阶段，其中平均压应力与 $W^{1/3}$ 成正比。点 L 对应于平均压应力 $P_m=1.1Y$ 时，材料开始出现塑性变形。虚线部分代表金属材料塑性流动增加过程中的一个过渡阶段，而 MN 代表材料完全进入塑性阶段，其中 $P_m\approx$

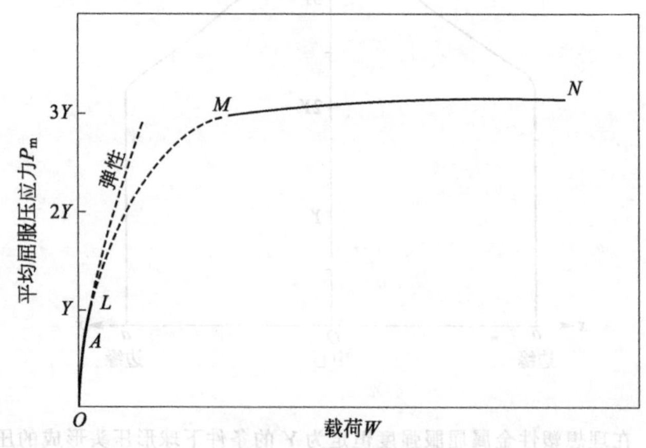

图 4-8　一个硬质球形压头在理想塑性金属材料上所形成压痕的理论压应力-载荷特性

3Y。为方便起见，现用 P_m 表示金属材料的屈服压应力。根据图 4-8，材料从开始出现塑性变形到完全进入塑性变形状态，P_m 取值从 1.1Y 增加到 3Y 左右（Tabor，1950）。

金属材料达到完全塑性阶段时的屈服压应力等于 3Y，我们可以立即对这个结论进行试验验证。这可以通过以下方式来实现，在已经经过高度应力强化的金属试件表面压制大尺寸的布氏压痕，以便材料无法做进一步强化，可以视为具有恒定的屈服强度 Y。一些典型的试验结果见表 4-1 中（Tabor，1948），屈服强度 Y 根据“无摩擦的”压力试验确定。从这些试验中可以发现，平均压应力 P_m 会随着压痕深度的增加略有增加，这大致与发生变形的金属材料变形受到限制相关（Bishop，Hill 和 Mott，1945）。这个结果看上去与前面所介绍的 Ishlinsky 理论解答有一些差异，但影响很小。粗略地讲，当满足以下条件时材料达到完全塑性变形状态

$$P_m = cY \tag{4-4}$$

其中 c 取值接近一个常数，约为 3。

表 4-1　典型试验结果

金属(经过应力强化)	$Y/(\mathrm{kg/mm^2})$	$P_m/(\mathrm{kg/mm^2})$	$c=P_m/Y$
碲铅合金	2.1	6.1	2.9
铝	12.3	34.5	2.8
铜	31	88	2.8
碳素钢	65	190	2.8

上述试验结果表明，对于完全应力强化过的金属材料，屈服压应力基本与载荷和压痕的大小无关。这就等同于说，完全应力强化过金属材料的 Meyer 指数 n 取 2。在下文中，我们将讨论一些与实际硬度测量直接相关的进一步结论。

五、 Meyer 法则的适用范围

在一个经过高度应力强化的金属材料上，从产生最小可见压痕的载荷开始，进行一系列的压痕测量。对高度应力强化过的碳素钢，将平均压应力 P_m 与外载荷 W 之间的关系曲线绘制出来如图 4-9 所示，其中虚线为计算得到的弹性变形，钢材屈服强度 $Y=77\text{kg/mm}^2$，钢球直径 $D=10\text{mm}$。可以看到，该曲线具有与图 4-8 理论曲线相同的特性。当数值达到 $P_m=1.1Y$ 时，屈服压应力开始偏离弹性曲线，逐步升高直到平均压应力达到 2.8Y 左右。这个影响可以从图 4-10 中明显看出，其中压痕直径 d 与外载荷 W 在对数坐标轴上绘制出来。

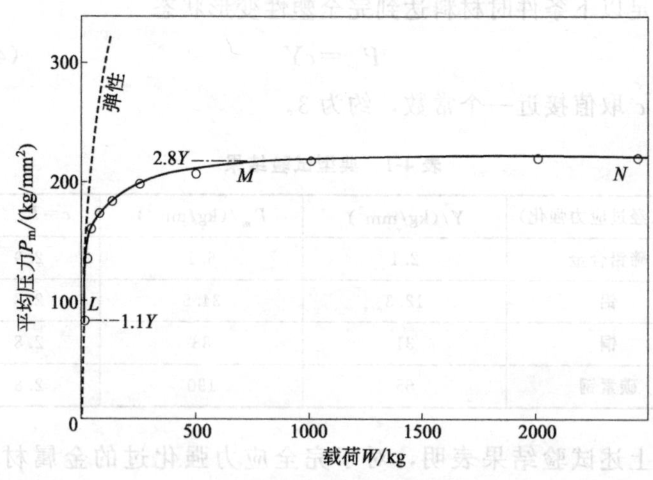

图 4-9 一个硬质球形压头在应力强化过的低碳钢材料上，所形成压痕的压应力-载荷特性试验结果

图中屈服应力 $Y=77\text{kg/mm}^2$，钢球直径 $D=10\text{mm}$。*OL* 段为计算得到的弹性曲线（斜率为 3），*L* 为开始塑性变形的起始点，*LM* 为过渡段，*MN* 段为开始全塑性变形区段（斜率为 2）。

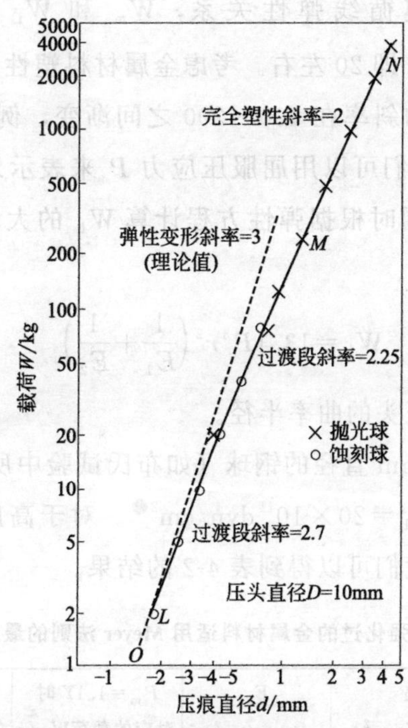

图 4-10 用对数曲线 lgW-lgd 表示的应力强化低碳钢的压痕

图 4-10 中 *OL* 部分对应于弹性变形区，直线斜率为 3（根据弹性方程计算得到）。*LM* 部分略有弯曲，可以看成为由一系列斜率为 2.7～2.25 的直线段近似组成。最终的 *MN* 段是一段直线，斜率为 2。这也表明 *MN* 段是 Meyer 法则适用于高度应力强化钢材的范围。这里 Meyer 指数 n 为常数，其取值为 2。随着压力载荷减小，Meyer 指数的取值逐渐增

加，直至变形完全为弹性时，其取值最大达到3。

要估算 Meyer 法则所适用载荷范围的上限并不难。假设 W_L 为金属材料塑性变形开始时（点 L，图 4-9）的载荷，W_m 为材料达到完全塑性时（点 M，图 4-9）的载荷。如果 L 和 M 之间曲线遵循线弹性关系，W_m 和 W_L 之比大概是 $(2.8Y/1.1Y)^3$，即 20 左右。考虑金属材料塑性区逐渐形成的过程中，曲线的斜率在 100～200 之间渐变，例如 150。根据公式（4-2），我们可以用屈服压应力 P 来表示外载荷 W，并取 $P=1.1Y$，同时根据弹性方程计算 W_L 的大小。它们之间的关系是：

$$W_L=13.1P^3r^2\left(\frac{1}{E_1}+\frac{1}{E_2}\right)^2 \tag{4-5}$$

其中 r 为球形压头的曲率半径。

对一个 10mm 直径的钢球（如布氏试验中所常用的），取 $r=0.5\text{cm}$ 和 $E_1=20\times10^{11}\text{dyn/cm}^2$[❶]。对于高度应力强化过的金属材料，我们可以得到表 4-2 的结果。

表 4-2　应力强化过的金属材料适用 Meyer 法则的最大近似载荷

金属（应力强化过）	Y /(kg/mm²)	E_2 /(dyn/cm²)	$P_m=1.1Y$ 时对应的载荷 W_L/g	适用 Meyer 法则的最大近似载荷/kg
碲铅合金	2.1	1.6×10^{11}	2	0.3
铜	31	12×10^{11}	230	35
碳钢	65	20×10^{11}	1200	180
合金钢	130	20×10^{11}	9800	1500
高硬质钢	200	20×10^{11}	35000	5200

❶ $1\text{dyn/cm}^2=10^{-7}\text{MPa}$

可以看到，对于材质非常软的金属材料，采用 10mm 直径的钢球压头，开始产生塑性变形的载荷大约为 2g，达到完全塑性变形时的载荷大约在 300g。类似的，对于材质非常硬的钢材，Meyer 法则在不大于 5200kg 的压力载荷范围内适用，对应的压痕直径不小于 3mm。对于会出现应力强化的金属材料也适用。因此，当压头载荷很小时，压痕变形基本为弹性，Meyer 指数的上限值是 3。随着载荷的增大，Meyer 指数会减小，直至压应力达到金属材料应力强化时的特定强度值。因此，开始出现塑性变形和达到完全塑性变形时的载荷与表 4-1 中给出的载荷基本处于同一量级，还是比较合理的。

六、压头的变形

在压痕成型过程中，球形压头在什么情况下可能出现永久变形？显然，对较软的金属材料，压头只会产生弹性变形。但对硬质金属材料，压头可能出现部分永久变形。

假设金属材料屈服强度为 Y，达到完全塑性时的屈服压应力为 B，其中 $B\approx 2.8Y$。同时假设压头材料屈服强度为 Y_i，达到完全塑性时的屈服压应力是 B_i，同样有 $B_i\approx 2.8Y_i$。现在做一个近似处理，假设屈服压应力或 Meyer 硬度与布氏硬度相同，这样就可以分别将 B 和 B_i 叫做金属材料和压头材料的布氏硬度。

随着作用在压头上载荷的增加，金属材料会在平均压应力达到 $1.1Y$ 左右产生塑性变形。如果 $Y_i>Y$，这时压头下方的压应力小于 $1.1Y_i$，因此不会使压头产生任何塑性变形。随着压头载荷的进一步加大，压头和金属材料之间的平均压应力随之增加，直至达到 2.8Y 左右，但也不会明显超过这个值。由此可知，如果这个压力不至于使压头产生塑性变形，它必然小于 1.1Y_i，即有 2.8Y＜1.1Y_i 或者 Y_i＞2.5Y 或者 B_i≥2.5B。因此，压头材料的硬度应当至少是被测金属材料硬度的 2.5 倍。通常，布氏硬度测量所使用钢球压头的硬度值或者屈服压应力在 900kg/mm^2 左右，这也就意味着对于硬度值或者屈服压应力大于 400kg/mm^2 的金属材料就不适合再使用上述钢球压头了。这与布氏硬度测量所采用的经验约定很接近。

这个结论具有相当广泛的适用性。要在某一种金属材料中产生局部塑性变形（通过第二种金属材料的接触作用），如果要求第二种金属材料自身不产生永久塑性变形，其硬度值应当至少是第一种材料硬度值的 2.5 倍。

七、超硬质金属的布氏硬度测量

下面讨论一下超硬金属材料的硬度测量问题。在硬质金属材料的布氏硬度试验中，习惯采用 10mm 钢球和 3000kg 的压力载荷。硬度测量值最大能达到 300，这也与其他试验方法得到的结果相符，尤其是采用棱锥形或圆锥形压头的方法。对于硬质金属，维氏硬度试验所采用的金刚石锥形压头可以给出更加可靠的结果，原理在第七章中给出。当金属材料布氏硬度高于 300 时，布氏硬度测量法给出的硬度值要小于维氏硬度值，且对于非常硬质的材料，硬度值的偏差会更加明显。这主要归结于布氏硬度试验中金属压头自身会出现塑性变形。对于非常硬的金属材料，可以使用硬质合金钢或者金刚石材质的球形压头。对同等大小的压头载荷，尽管这样做会给出更高的布氏硬度值，但布氏硬度值和维氏硬度值之间还是存在一定的差异，见表 4-3。

表 4-3　不同材质球形压头的硬度值

维氏锥形硬度值 /(kg/mm²)	布氏硬度值(10mm 球形压头,3000kg 的压力载荷)		
	钢球	钨碳钢球	金刚石球(1mm 球形压头,30kg 的压力)
1200	780	870	—
1000	710	810	900
750	600	680	—
550	495	525	530
400	388	388	400
305	302	302	304
130	130	130	130

显然，当金属材料的布氏硬度值在 900 以上时，钢球压头会比试件材料本身产生更多的塑性变形。实际上，钢球压头的硬度会给试验得到的材料硬度值设定一个上限。但这无法解释为什么当金属布氏硬度值只有 550 时，它们之间仍然存在明显的差异。它同样无法解释采用钨碳钢球压头（布氏硬度≈1500）或者使用金刚石压头（布氏硬度≈6000，根据采用 Knoop 压头的试验推断，见第七章）时的差异。

对于硬质金属材料会得到相对较低的布氏硬度值，可以通过这样的假设来解释，即在标准指定的 3000kg 的载荷下，主材的压痕变形还没有达到全塑性的阶段，因此，屈服压应力还没有达到使压痕区域金属材料完全塑性的数值 2.8Y，而是位于 1.1Y 和 2.8Y 之间。而在维氏硬度试验中，材料变形常常涉及同等程度的塑性，因此硬度值基本与压痕尺寸无关。目前还没有足够详细的试验数据来佐证这个观点，但可以利用此观点估计相关影响的效应大小。

假设所考虑的金属材料是完全应力强化过的，它们的 P_m-W 特性基本与图 4-9 中应力强化过低碳钢的情况基本一致。根据图 4-9，我们可以研究压痕塑性区的生长过程，通过列表方式用外载荷 W 来表示屈服压应力 P_m 的增加，并将试验结果转化为 W/W_L 的形式见表 4-4。其中 W_L 为压痕下方金属材料开始产生塑性变形所需要的载荷。屈服压应力表示为 P_m/P_N，其中 P_N 为完全塑性时的压应力，对应于正确测量条件下所得到的硬度值。因此 P_m/P_N 近似等于以下数值之比：

$$\frac{\text{观测到的布氏硬度}}{\text{真实的布氏硬度}}$$

表 4-4 采用 10mm 球形压头在应力强化过低碳钢表面产生的压痕

载荷 W/kg	P_m/(kg/mm^2)	比值$\frac{W}{W_L}$	比值$\frac{P_m}{P_N}$
(W_L) 2	84	1	1∶2.55
5	105	2.5	1∶2.05
10	120	5	1∶1.8
20	142	10	1∶1.5
40	160	20	1∶1.35
80	180	40	1∶1.2
125	186	62	1∶1.17
250	200	125	1∶1.08
500	210	250	1∶1.03

续表

载荷 W/kg	P_m/(kg/mm²)	比值$\frac{W}{W_L}$	比值$\frac{P_m}{P_N}$
700	216	350	1∶1
2000	220	1000	1∶1

这里可以再次看到，压痕产生完全塑性变形以及可以进行可靠硬度测量所对应的阶段，出现在当外载荷超过塑性变形开始出现时载荷的100到200倍时。

假设金属试件材料达到完全塑性时，维氏硬度与布氏硬度测量值完全一致（这个假设基本接近真实情况）。一个真实硬度值为1000kg/mm²的钢试件，它对应于数值 $P_N = 2.8Y$，因此开始出现塑性变形时（$1.1Y$）对应的屈服压应力大约是390kg/mm²。使用直径10mm的钨碳钢球压头，其弹性模量 $E_1 \approx 6\times10^{12}\,\mathrm{dyn/cm^2}$，根据公式（4-5）可以计算出压痕处材料开始出现塑性变形的载荷是90kg。因此，硬度试验中采用的载荷是3000kg，这个载荷约为开始出现塑性变形载荷的33倍。从表4-4，可以看出 $W/W_L=33$，比值 $P_m/P_N\approx1∶1.25$。因此，试验观测到的金属材料屈服压应力为：

$$1000/1.25=800(\mathrm{kg/mm^2})$$

表4-3给出的试验结果大约是810布氏硬度。

金刚石压头的弹性模量 $E_1\approx10\times10^{12}\,\mathrm{dyn/cm^2}$，由此推算金属材料开始产生塑性变形的载荷大约是72kg。硬度试验取用的载荷是这个载荷的42倍，以满足 $P_m/P_N\approx1∶1.18$。因此，试验观测到的屈服压应力应当接近 $1000/1.18\approx850$。表4-3给出的硬度值大约是900布氏硬度。当钨碳钢球压头和金刚石球压头应用于其他金属材料，或者钢球压头应用于硬度小于 750 布氏硬度的金属材料上，可以进行类似的计算，计算结果汇总在表 4-5 中。

表 4-5　布氏硬度的（理论）计算值和（试验）观测值

真实的硬度值/(kg/mm^2)	布氏硬度值(10mm 球形压头,3000kg 的压力载荷)					
	钢球		钨碳钢球		金刚石球	
	观测值	计算值	观测值	计算值	观测值	计算值
1200	780	—	870	890	—	930
1000	710	—	810	800	900	850
750	600	620	680	670	—	680
550	495	500	525	520	530	535
400	388	390	388	400	400	400
305	302	305	302	305	304	305
130	130	130	130	130	130	130

可以看到，试验观测值和理论计算值之间符合得很好。我们不要再奢望有更好的符合度，原因有两个方面：

其一，维氏硬度值不会与真实的布氏硬度值完全一致，尤其在金属材料没有达到完全应力强化的阶段。第五章会看到球形压头产生的压痕会使金属试件材料出现应力强化，其强化程度取决于压痕尺寸的大小。对于较小压痕的情况（譬如很硬质的金属材料），布氏硬度的有效值会小于采用维氏压头所得到的硬度值。

其二，压痕下方金属材料塑性区的扩展不会完全遵循如图 4-9 所示的过程。譬如，塑性变形的普遍理论表明，完全塑性变形阶段不依赖于主体金属材料和压头的弹性常数。另一方面，塑性变形的初始形成完全取决于弹性常数。实际上，塑性变形的开始决定了塑性区的初始生长方式。因此，可以近似地说塑性变形的开始和塑性区的扩展（正如上面所计算的）取决于金属材料表面的弹性常数。这意味着对于具有相同屈服强度的金属材料，弹性常数越高，越早开始塑性变形过程，达到完全塑性所需要的载荷也越小。一旦达到全塑性阶段，屈服压应力的大小只取决于材料的塑性屈服强度，而非弹性常数。

表 4-5 中的试验结果验证了这样的观点：采用标准的 3000kg 压力载荷，对于硬质金属而言并没有达到完全塑性，因此得到的硬度值偏低。钨碳钢球压头和金刚石球压头具有较高的弹性模量，因此相比于钢球压头，开始出现塑性变形时的载荷要小一些。因此，当压力载荷达到 3000kg 时，与采用钢球压头相比，采用钨碳钢球压头和金刚石球压头会使金属材料更接近完全塑性阶段。因此，即便金属材料硬度值达到 550 布氏硬度，钢球压头也并未产生明显的变形。但相比于钨碳钢和金刚石压头，钢球压头给出偏低的硬度值。

我们也可以考虑钢球压头（布氏硬度≈900）自身的变形问题，如果将它压入一个硬度无穷大、不会屈服的金属材料表面。如果 $P_N=900$，$E_1=\infty$，钢球压头大约在外载荷达到 40kg 时开始出现塑性变形。如果塑性区的发展与图 4-9 的情况类似，最大试验载荷 3000kg，是开始塑性变形时的载荷的 75 倍，因此有 $P_m/P_N=1:1.1$。这个载荷下的屈服压应力大约是 $800\mathrm{kg/mm^2}$。这意味着如果钢球压头用在非常硬质的金属材料上，当载荷达到 3000kg 后所观测到的硬度上限值大约为 $800\mathrm{kg/mm^2}$，并且取决于钢球压头自身的硬度大小。

根据上面的讨论，如果要对非常硬质的金属进行试验并获得可靠的布氏硬度值，必须使用钨碳或者金刚石压头，钢球压头直径需采用 10mm，同时最大试验载荷达到 3000kg，这通常很难实现。正因为如此，对于布氏硬度值超过 800 的金属材料应采用维氏压头，见第七章。

一个与之相关联的问题，就是非常硬的金属材料的 Meyer 指数问题。即便金属材料是完全应力强化过的且指数 $n=2$，如果压力载荷不足以使压痕进入完全塑性阶段（图 4-10），可能会得到显著偏大的 n 值。这种现象经常发生在非常硬质的金属材料上。譬如，O'Neill（1926）引用一个经过退火处理的 0.4%碳钢，其布氏硬度为 $181kg/mm^2$，Meyer 指数 n 取 2.24。当经过深度调质后，其硬度接近 $560kg/mm^2$，Meyer 指数 n 增加到 2.38，这表明调质后的试件比起退火处理后的试件能够产生更大幅度的应力强化。指数 n 取值变大是因为金属材料硬度的增加以及压头载荷的不足。值得注意的是，如果施加更大的压力载荷，试件仍然会给出较高的 n 值。

八、表面粗糙度的影响

上述分析结论也可以用来分析接触面粗糙度的影响。考虑一个硬质钢材平面压在一个粗糙不平、材质较软的金属表面上。为简单起见，假设粗糙表面的凸起是球形的，同时假设硬质钢材平面是完全光滑的，具有与球形凸起相比很大的曲率半径。因此，每个球形凸起的变形可以看成是一个刚性平面和一个球形较软表面之间的变形，见图 4-11(a)。其工作特性基本类似于一个硬质球形压头压入一个较软金属表面时的变形，见图 4-11(b)。图 4-11 (a)、(b) 所示情形下的变形过程很相似。

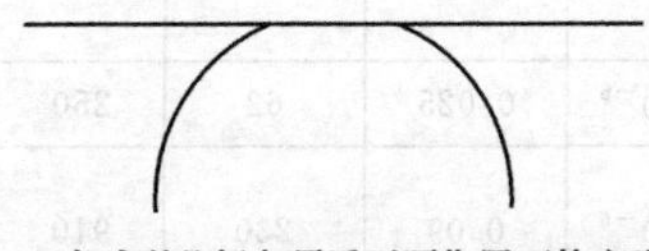

(a) 半球形凸起在硬质平面作用下的变形

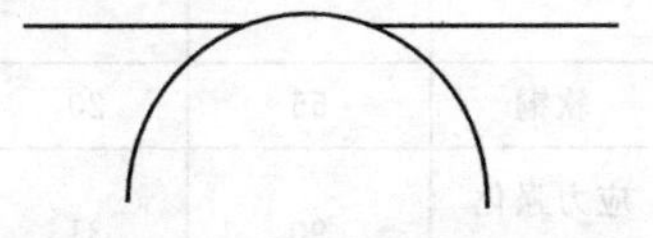

(b) 平整表面在半球形凸起作用下的变形

图 4-11 一个硬质平面作用下凸起的变形

根据公式 (4-5)，可以计算出特定曲率半径的球形凸起开始出现塑性变形时所需要的载荷。不同金属材料的典型结果见表 4-6。从表中可以看出，对于曲率半径 r 很小的凸起表面，在很小的载荷作用下就会出现塑性变形。因此，对于硬质金属表面曲率半径为 10^{-4} cm 的凸起，在不到 10^{-3} g 的载荷作用下就会出现塑性变形，同时使凸起物达到完全塑性变形的载荷也不到 0.1g。如果球形凸起的曲率半径为 10^{-3} cm，这已经大于常见光滑金属平面的粗糙度值，对应的数值分别是 0.04g 和 6g。因此，当硬质压头压入金属材料表面时，其上普遍存在的微小球形凸起完全处于非弹性的变形状态。硬质压头其实是由已经出现塑性变形的球形凸起来支承的，直到球形凸起的支承面积大到足够支承所作用的外载荷。

表 4-6 布氏硬度的计算值和观测值

金属材料	近似布氏硬度/(kg/mm²)	屈服应力 Y/(kg/mm²)	塑性变形开始形成的载荷($P_m=1.1Y$)/g			
			$r=10^{-4}$cm	$r=10^{-2}$cm	$r=0.5$cm	$r=1$cm
碲铅合金	6	2.1	8×10^{-8}	8×10^{-4}	2	8

续表

金属材料	近似布氏硬度 /(kg/mm²)	屈服应力 Y /(kg/mm²)	塑性变形开始形成的载荷($P_m=1.1Y$)/g			
			$r=10^{-4}$cm	$r=10^{-2}$cm	$r=0.5$cm	$r=1$cm
软铜	55	20	2.5×10^{-6}	0.025	62	250
应力强化过的铜	90	31	9.0×10^{-6}	0.09	230	910
应力强化过的碳素钢	190	65	4.7×10^{-5}	0.47	1200	4700
合金钢	350	130	3.8×10^{-4}	3.8	9500	38000

尽管材料表面球形凸起的塑性流动很明显，但这并不意味着下面的金属材料也发生塑性变形。举个例子，如果钢压头的直径为10mm（$r=0.5$cm），合金材料大面积出现塑性流动变形所需要的载荷大约是10kg。因此，对于较小的载荷，尽管金属表面球形凸起会出现塑性变形，下方的金属主体仍然处于弹性变形阶段。实际上，塑性变形球形凸起的外边界是由下方金属材料的屈服强度所决定的。随着载荷进一步加大达到1500kg，下方的金属材料也发生塑性流动，在宏观和微观两个尺度上都会发生明显的塑性变形。在宏观尺度上，产生明显塑性流动所对应的屈服压应力大约是$3Y_b$，其中Y_b为金属主体材料的屈服应力。材料表面球形凸起的屈服压应力通常会更高一些，主要是因为表面凸起材料的进一步应力强化，即便金属材料已经高度强化过。这个效应会因为压头和球形凸起之间的摩擦作用进一步加强。因此，直接承受外载荷的球形凸起通常会具有比主材更高的屈服强度。但是，宏观压痕是与金属主材本身的屈服压应力相对应的。因此，不管球形凸起本身应力强化程度如何，根据宏观压痕计算得

到的屈服压应力会为金属主材的硬度大小提供一个可靠的度量。正因为如此，硬度试验结果不会显著依赖于金属试件表面的粗糙程度。类似的，压头表面的粗糙程度也不会显著影响试件材料的宏观变形。因此，采用锈蚀过的钢压头也可以比较可靠地测量金属材料主体的变形。正如 O’Neill 指明的，这一点在很小的外载荷作用下进行硬度试验特别有用，其中金属主材变形绝大多数是弹性的。

在 Moore（1948）的一些硬度试验中，材料表面粗糙度的影响很显著。这些试验中不方便使用球形压头，使用的是一个光滑的圆柱形压头，将其压入一个应力强化过铜试件的表面。铜试件表面加工出一系列相互平行的沟槽，圆柱形压头的纵轴与沟槽平行，在不同的载荷下压制出不同的压痕。压痕的横剖面轮廓如图 4-12 所示。图 4-12(a) 对应于载荷较小、球形凸起已经出现塑性变形的情况，但下方的金属主材中没有出现塑性变形。图 4-12(b) 中主材出现了轻度的塑性变形，图 4-12(c) 对应于载荷很大、主材也有明显塑性变形的情况。值得注意的是，即便在这种情况下，材料表面粗糙程度仍然基本保持原来的形状，压痕底部的粗糙度仍然清晰可见。

从图 4-12(c) 可以清楚看到，图 4-12(a) 和图 4-12(b) 介绍的两个阶段中下方的金属材料都出现了比较明显的塑性变形。当有效屈服压应力明显超过 $3Y_b$ 时，球形凸起已经出现塑性变形。当屈服压应力达到 $3Y_b$ 左右，球形凸起下方的金属主材也会出现塑性变形。支承外载荷的球形凸起的面积大约是宏观压痕面积的一半，因此，球形凸起屈服压应力大约是主体金属屈服压应力的 2 倍。对于经过退火处理的金属材

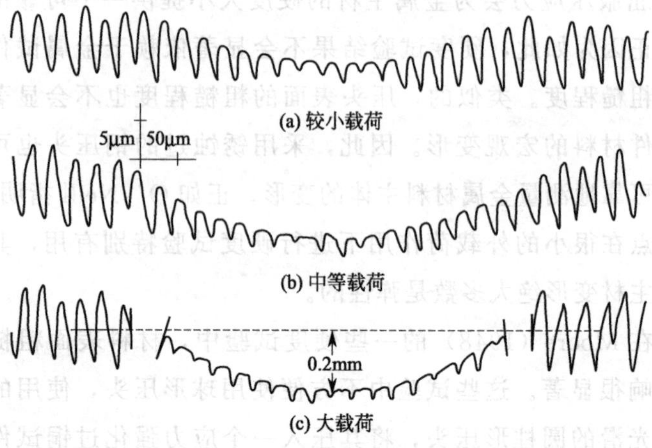

图 4-12　压痕的横剖面轮廓

料，这个差异会更加明显。显然，宏观尺度上的塑性变形区域并非取决于球形凸起的工作特性，而是取决于压痕下方金属主材本身的屈服压应力。

九、堆起和凹陷

对压痕塑性区的分析，能够为压痕周边出现堆起和凹陷现象提供粗略的解释。压痕周边主要塑性变形区如图 4-13 所示。金属材料因为压头的逐步压入出现移位，在 AC 和 BD 之间产生塑性流动变形，这个区域的金属材料会被抬高，略高于其余位置的材料表面[图 4-13(a)]。随着压头的逐渐压入，压痕直径也在逐渐增加，A、B 附近的金属材料会出现明显的侧向移动，因此在压痕周边出现明显的堆起现象。这是理想塑性金属材料（即经过高度应力强化的金属材料）的典型特性。

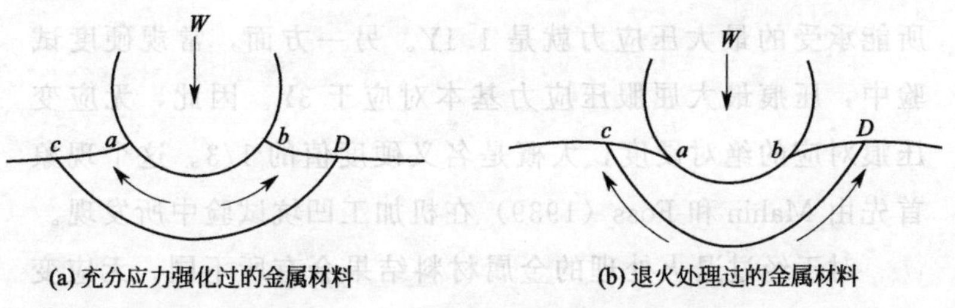

(a) 充分应力强化过的金属材料　　(b) 退火处理过的金属材料

图 4-13　压痕周边主要塑性变形区

如果金属材料经过退火处理，其工作特性是有所不同的。塑性区最早出现位移的金属材料会产生相当显著的应力强化现象，这也使得相邻位置、在压痕下方更深一点的金属材料产生移位变得更加容易。由此，出现塑性流动变形的金属材料会从 C 和 D 外侧的区域流出[图 4-13(b)]。一旦这个位置的金属材料开始屈服，它们同样会应力强化，更深位置处金属材料的塑性流动会更远。其结果是压痕周围位置的金属材料下沉，低于远离压痕位置的材料表面。这就是在经过退火处理的金属材料中所观察到凹陷现象的基本特性。

十、无应变的压痕

以上讨论结果表明，金属材料在球形压头作用下，当压痕平均压应力小于 1.1Y 时，所产生的变形均为弹性变形。不管材料表面是一个平面还是球体的一部分，这个结论都成立，所以它也适用于表面有凹坑或有预成型压痕的情况。因此，对于经过充分应力强化的金属材料，其不出现塑性变形所能承受的最大压应力就是 1.1*Y*。另一方面，常规硬度试验中，压痕最大屈服压应力基本对应于 3*Y*。因此，无应变压痕对应的绝对硬度，大概是名义硬度值的 1/3。这个现象首先由 Mahin 和 Foss（1939）在机加工凹坑试验中所发现。

对于经过退火处理的金属材料结果会有所不同。无应变（弹性）变形压痕对应的平均压应力仍然在 1.1*Y* 左右，其中 *Y* 为退火金属材料的屈服应力。材料的“名义”硬度会大于 3*Y*，因为压痕周围的金属材料会出现明显的应力强化效应（见第五章）。因此在 Harris 所采用的试验方法中，“绝对”硬度和“名义”硬度之比应该小于 1/3。Harris 试验得到的数值都在 1/3 左右。

参考文献

Bishop, R. F., Hill, R., and Mott, N. F. (1945), *Proc. Phys. Soc.* **57**, 147.

Davies, R. M. (1949), *Proc. Roy. Soc.* A, **197**, 416.

Harris, F. W. (1922), *J. Inst. Metals*, **28**, 327.

Hencky, H. (1923), *Z. ang. Math. Mech.* **3**, 250.

Hertz, H. (1881), *J. reine angew. Math.* **92**, 156: a full English translation appears in *Miscellaneous Papers* (1896), London.

Ishlinsky, A. J. (1944), *J. Appl. Math. Mech.* (*U. S. S. R*), **8**, 233. An English translation has been published by Ministry of Supply, A. R. D. (1947), Theoretical Research Translation No. 2/47.

Mahin, E. G., and Foss, G. J. (1939), *Trans. A. S. M.* **27**, 337.

Moore, A. J. W. (1948), *Proc. Roy. Soc. A*, **195**, 231.

O'Neill, H. (1926), *Carnegie Scholarship Memoirs*, **15**, 233.

TABOR，D.（1948），*Proc. Roy. Soc.* A，**192**，247.

——（1950），*M. I. T. Summer Conference on Mechanical Wear*. Discussion，pp. 325-8.

TAGG，G. F.（1947），*J. Sci. Instr.* **24**，244.

TIMOSHENKO，S.（1934），*Theory of Elasticity*，McGraw-Hill，New York.

第五章
球形压头下金属的变形：会应力强化的材料

到目前为止，我们已经研究了金属材料在球形压头作用下的变形问题，其中金属材料的屈服强度为Y，其在压痕成型过程中基本不受压痕变形的影响。实际上，这是已经高度应力强化过金属材料的工作特征，其在实际应用中或多或少要受到限制。本章将上述变形分析延伸到经过退火处理或者只经历部分应力强化过的金属材料，即金属材料在压头压入过程中会出现应力强化。金属材料在压头压入过程中会出现应力强化的问题一直没有得到理论解答，即使是在二维（平面）变形中。因此，现考虑用经验法求解这个问题。

一、屈服压应力为压痕尺寸的函数

通常，当球形压头在金属材料表面产生一个压痕，压痕周围的材料会产生移位，屈服强度Y会增加。压痕周围各点上的弹性极限并不是常数，因为各点的变形或应变大小都不一样。但我们可以预料，当压痕周围金属材料达到完全塑性状态时，会存在一个弹性极限的平均值或代表值，譬如说是Y_r，其与屈服压应力P_m之间存在类似$P_m=cY_r$的关系，式中c是一个取值在3左右的常数。采用这个假设后，我们就可以研究弹性极限Y_r如何依赖于压痕大小，并导出屈服压应力P_m和压痕大小之间的关系。

假设压痕的弦长直径是d，曲率半径为r_2。因为它是球体的一部分，该球体形状完全由比值d/r_2确定。这样对于所有与d/r_2比值相同的压痕，“代表性”区域的变形和应变大小将会一样（如果金属材料晶粒尺寸足够细小，就不会造成任何影响）。因为应变本身是一个无量纲的参数，它只取决于压痕尺寸比值的变化，而非绝对值的变化。譬如，如果一个1in[1]长的均匀圆棒拉伸0.1in，其应变所对应的屈服强度增量与一个3in的圆棒拉伸0.3in后的结果是一样的。因此，我们可以说："代表性"区域所产生的应变只是比值d/r_2的函数。如果D是压头的直径，r_2常常非常接近于$D/2$，那么应变ϵ_1基本就是d/D的函数，我们可以将其写成为：

$$\epsilon_1=f\left(\frac{d}{D}\right) \tag{5-1}$$

这个方程仅仅意味着：几何相似的压痕会产生相似的应变分布，特别是在"代表性"区域内所产生的应变，因此弹性极限"代表值"Y_r取决于比值d/D。由此，压痕处平均压应力P_m（其大小等于cY_r）只取决于d/D。故，可采用更通用的表达式：

$$P_m=\frac{4}{\pi}\frac{W}{d^2}=\psi\left(\frac{d}{D}\right) \tag{5-2}$$

其中，$\psi(d/D)$是d/D的某种函数，需要加以研究确定［见第二章，公式(2-6c)］。当然，这就等同于说：不管压痕的大小如何，几何相似的压痕代表相同的硬度（见第二章）。

可以用更为规范的方式来表述这个结论。如果金属材料经过完全退火处理，ϵ_1为压痕形成过程中在"代表性"区域所产生的总应变。但是，若金属材料先前又经历过冷处理，我们可以将其视作一个已经产生了初始应变ϵ_0的退火材料。可以近似将这个应变叠加到压痕所产生的应变上。由此，在

[1] 1in≈2.54cm

压痕代表性区域内所产生的总应变将会是：

$$\epsilon=\epsilon_0+f\left(\frac{d}{D}\right) \tag{5-3}$$

假设屈服强度 Y_r 是应变的单值函数，也就是说如果金属材料产生一定大小的应变变形，根据该材料的应力-应变特性可以确定一个唯一的屈服强度。我们可以将其写为：

$$Y=\phi\{\epsilon\} \tag{5-4}$$

由此，屈服强度的代表值就变为：

$$Y_r=\phi\left[\epsilon_0+f\left(\frac{d}{D}\right)\right] \tag{5-4a}$$

这样，压痕处金属材料达到完全塑性时的屈服压应力为：

$$P_m=c\phi\left[\epsilon_0+f\left(\frac{d}{D}\right)\right] \tag{5-5}$$

其中，c 是常数，取值在 3 左右。当然，对于一种给定的金属材料，式(5-5) 与式(5-2) 是一致的。

二、试验结果之间的关联

从式(5-5) 可以得到一个结论：对于一个给定金属试件，我们可以将采用各种载荷和钢球直径所得到的硬度试验结果关联起来。因此，对于一种给定的金属材料（ϵ_0 为常数），如果将 P_m-d/D 绘制成图表就可以得到一个适用于各种载荷、各种压头直径的单调曲线。由 Krupkowski（1931）完成的，对经过退火处理铜材料的试验结果用平均压应力 P_m 与参数 d/D 的关系绘图，结果均落在一条曲线上，如图 5-1 所示。

可以看到：对于直径处于1～30mm之间的球形压头，所有的试验点均落在一条光滑曲线附近。对于尺寸很小的压痕，其受力和变形情况可能不同于完全塑性变形状态，但不管怎样，几何相似原理仍然有效。图5-1中的曲线与经过退火处理铜材料的应力-应变曲线属于同一种类型。

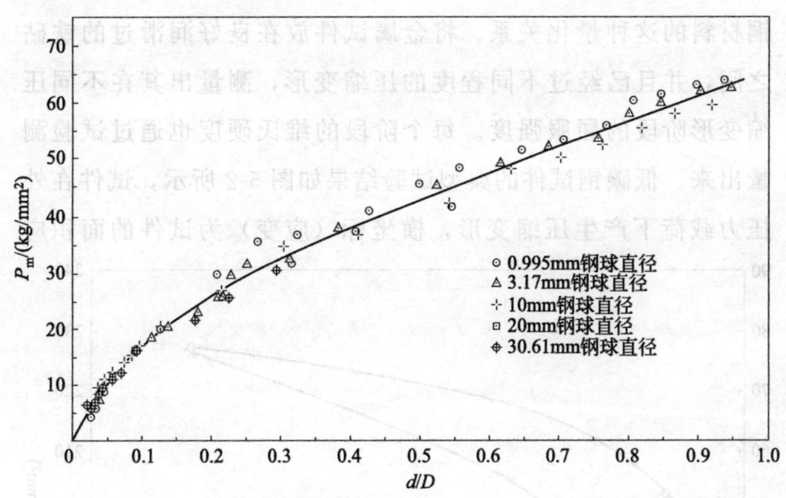

图5-1　经过退火处理的铜材料在不同载荷和不同压头直径下的压痕图

三、屈服压应力作为应力-应变特性的函数

现在研究硬度试验中压头下方平均压应力 P_m 和压痕周围金属材料屈服强度之间的定量关系。衡量金属材料屈服强度大小的一个简便方法，就是采用大锥顶角的棱锥形压头测定其硬度值，类似于常用的维氏硬度试验。我们将在第七章中看到，维氏硬度

试验中，压头上的平均压应力基本与压痕大小无关，即硬度值基本与外载荷无关。如果我们测量出一种已经过一定程度拉伸或者压缩变形的金属材料的维氏硬度，便可以获得任一阶段金属材料硬度值、变形或者应变大小和屈服强度之间的关系。这个关系可以用来确定任一金属试件的屈服强度（Tabor，1948）。

目前，已经通过试验确定出低碳钢材料和经过退火处理铜材料的这种量化关系。将金属试件放在良好润滑过的铁砧之间，并且已经过不同程度的压缩变形，测量出其在不同压缩变形阶段的屈服强度。每个阶段的维氏硬度也通过试验测量出来。低碳钢试件的典型试验结果如图 5-2 所示，试件在外压力载荷下产生压缩变形，横坐标（应变）为试件的面积应

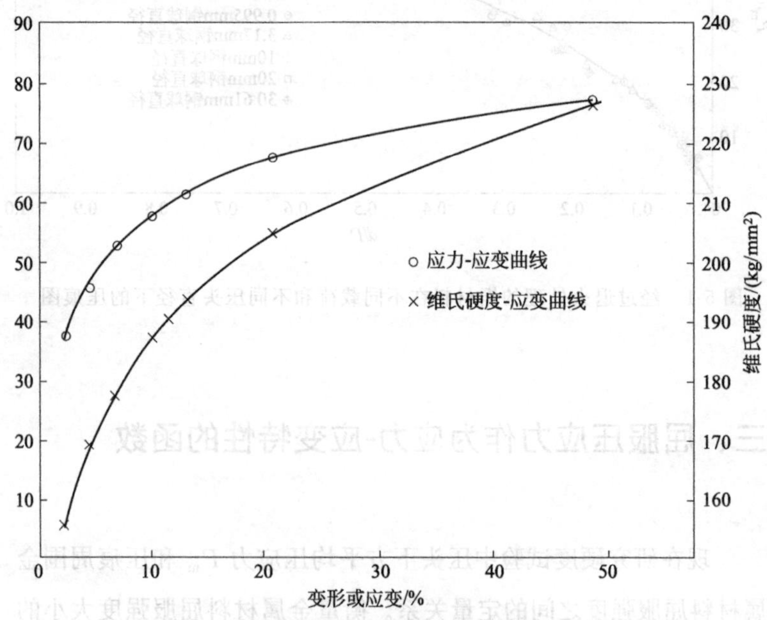

图 5-2　低碳钢的屈服强度（○）和维氏硬度（×）表示为变形值或应变的函数

变。变形大小被表示成长度的变化除以其受压长度，对应于试件横截面的分数变化。通过简单测量其维氏硬度，根据图 5-2 可以确定出低碳钢试件的变形大小和屈服强度。譬如，如果维氏硬度为 194，试件中已经产生了大小为 13%的应变或者变形量，其对应的屈服强度为 $60\mathrm{kg/mm^2}$。通过这种方式，我们可以确定任意一种金属材料的屈服强度，譬如材料表面已经受球形压头作用产生压痕。

在低碳钢试件和经过退火处理铜试件表面上制造出不同大小的布氏压痕，同时在试件的自由表面采用较小载荷（产生很小的压痕变形）进行维氏硬度测量。根据这些测量结果，确定出压痕周围自由表面无变形材料和压痕范围内已产生变形材料的屈服强度。低碳钢中不同大小球形压痕的典型试验结果如图 5-3 所示，从图中可以看出，材料的屈服强度越接近压痕

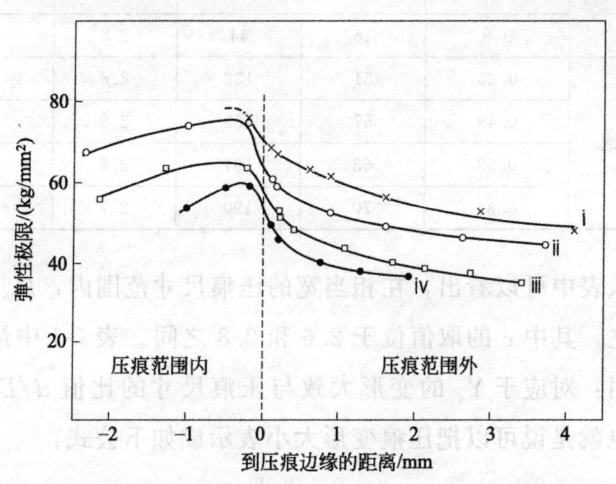

图 5-3　压头在低碳钢表面产生不同大小压痕时，压痕周围自由表面以及压痕范围内屈服强度的分布图

ⅰ—$d/D=0.84$；ⅱ—$d/D=0.69$；ⅲ—$d/D=0.49$；ⅳ—$d/D=0.23$

边缘越高，在压痕边缘屈服强度升高很快，然后随着逐步接近压痕中心应力逐渐回落。在材料内部不同深度位置，屈服强度也会有变化（O'Neill，1934）。因此，要给整个材料的屈服强度指定单一的代表值有些困难。大量试验结果表明，压痕边缘处金属材料的屈服强度，可以用来作为压痕周围已变形材料整体的一个代表值。譬如，可以将压痕周围材料的屈服强度 Y_e 与压痕形成过程中的平均压应力 P_m 做比较。铜和低碳钢试件的试验结果见表 5-1。

表 5-1　铜和低碳钢试件的试验结果

金属	压痕大小 (d/D)	Y_e /(kg/mm^2)	P_m /(kg/mm^2)	P_m/Y_e	对应于 Y_e 的变形/%
已退火的铜	0.27	10.5	27	2.6	5
	0.37	14	39	2.8	8
	0.5	16	44	2.8	9
低碳钢	0.23	51	132	2.6	6
	0.49	57	159	2.8	9
	0.69	63	161	2.6	15
	0.84	70	190	2.7	≈20

从表中可以看出，在相当宽的压痕尺寸范围内，$P_m=cY_e$ 均成立，其中 c 的取值位于 2.6 和 2.8 之间。表 5-1 中最后一列表明：对应于 Y_e 的变形大致与压痕尺寸的比值 d/D 成正比，也就是说可以把压痕变形大小表示成如下公式：

$$\epsilon_1 \approx 20\frac{\mathrm{d}}{\mathrm{D}}$$

假设我们用一个直径为 10mm 的球形压头，在金属试件上产生一个弦长直径为 5mm 的压痕，d/D 比值为 0.5，其意味着代表性的变形大小等价于产生了10%的压缩应变。根据金属材料的应力-应变曲线，我们可以确定出对应于压缩应变为10%时的屈服强度。由此，产生压痕所对应的平均压应力大约是2.8Y。

这就为将金属材料的应力-应变特性和硬度曲线进行直接对比提供了方法。图5-4给出了低碳钢和已经过退火处理铜材料的试验结果。图中A为低碳钢，B为经过退火处理的铜，○和×所表示的硬度值为整个压痕区域的平均压应力（Meyer硬度），应力-应变曲线由“无摩擦的”抗压试验获得。硬度曲线的绘制，横坐标采用d/D，纵坐标采用P_m。对应的应力-应变曲线，纵坐标的屈服强度已经乘上一个大小为2.8的系

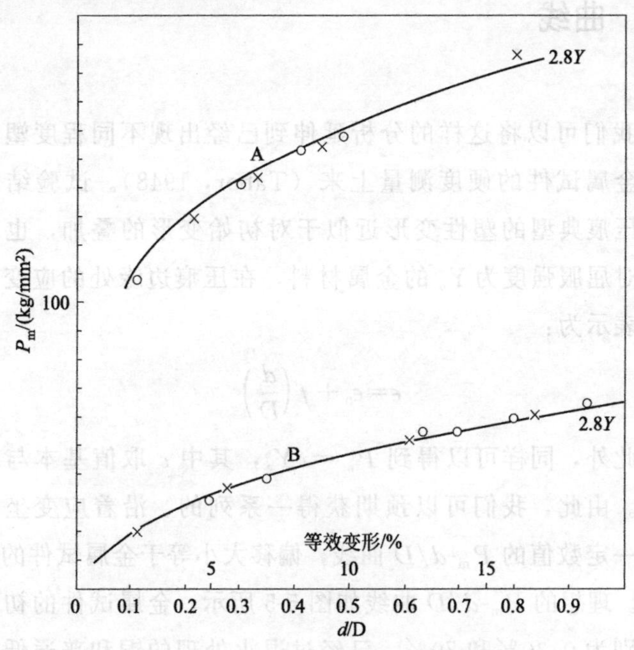

图5-4 硬度曲线和应力-应变曲线的比较

数，横坐标为用百分比表示的应变，其大小等于 $20d/D$。可以看到，材料硬度试验的结果与其应力-应变曲线之间符合得很好。

通过与第四章所介绍的计算结果对比，我们可以大致判定，当 d/D 大于 0.1 时，低碳钢材料会达到完全塑性状态，铜材料到达完全塑性对应的应变值会小一些。因此，图 5-4 整个所覆盖的范围对应于一个完全塑性的区域，其中 c 基本保持为常数。

四、已变形金属材料的屈服压应力与应力-应变曲线

我们可以将这样的分析延伸到已经出现不同程度塑性变形的金属试件的硬度测量上来（Tabor，1948）。试验结果表明，压痕典型的塑性变形近似于对初始变形的叠加，也就是说，对屈服强度为 Y_e 的金属材料，在压痕边缘处的应变可以近似表示为：

$$\epsilon=\epsilon_0+f\left(\frac{d}{D}\right)$$

此外，同样可以得到 $P_m=cY_e$，其中 c 取值基本与前面相同。由此，我们可以预期获得一系列的、沿着应变坐标轴偏移一定数值的 P_m-d/D 曲线，偏移大小等于金属试件的初始变形。理想的 P_m-d/D 曲线如图 5-5 所示，金属试件的初始变形分别为 0.30%和 70%。已经过退火处理的铜和普通低碳钢的硬度试验结果如图 5-6 所示。图中 A 为低碳钢材料，B 为经

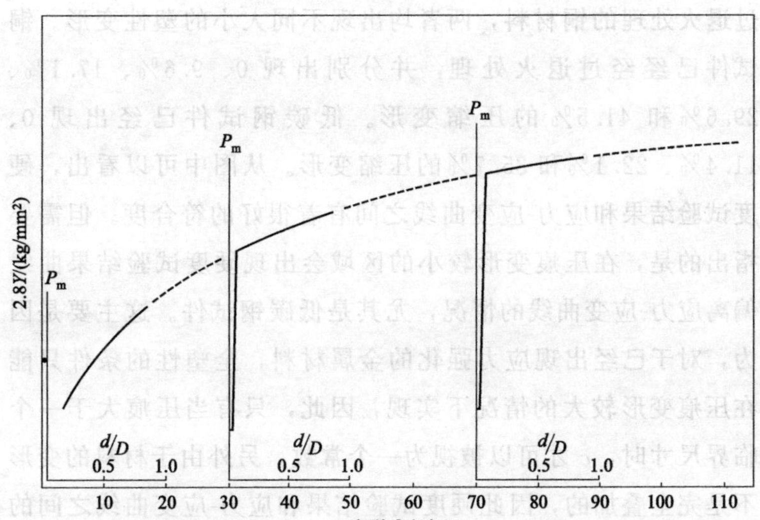

图 5-5　金属材料理想的应力-应变曲线（虚线）和硬度值（实线）曲线

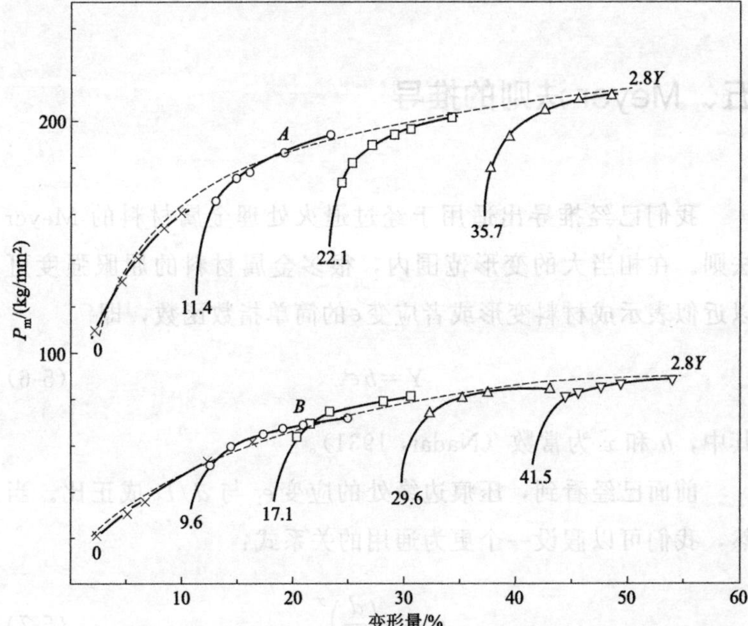

图 5-6　两种金属材料的应力-应变曲线（虚线）和硬度值（实线）试验结果

过退火处理的铜材料，两者均出现不同大小的塑性变形。铜试件已经经过退火处理，并分别出现 0、9.6%、17.1%、29.6%和 41.5%的压缩变形。低碳钢试件已经出现 0、11.4%、22.1%和 35.7%的压缩变形。从图中可以看出，硬度试验结果和应力-应变曲线之间有着很好的符合度。但需要指出的是，在压痕变形较小的区域会出现硬度试验结果曲线偏离应力-应变曲线的情况，尤其是低碳钢试件。这主要是因为，对于已经出现应力强化的金属材料，全塑性的条件只能在压痕变形较大的情况下实现，因此，只有当压痕大于一个临界尺寸时，c 才可以被视为一个常数。另外由于材料的变形不是完全叠加的，因此硬度试验结果和应力-应变曲线之间的分歧会增加。尽管这样，整体符合度还是令人满意的。

五、Meyer 法则的推导

我们已经推导出适用于经过退火处理金属材料的 Meyer 法则。在相当大的变形范围内，很多金属材料的屈服强度可以近似表示成材料变形或者应变ϵ的简单指数函数，即

$$Y=b\epsilon^{x} \tag{5-6}$$

其中，b 和 x 为常数（Nadai，1931）。

前面已经看到，压痕边缘处的应变ϵ_1 与 d/D 成正比。当然，我们可以假设一个更为通用的关系式：

$$\epsilon_1=\alpha\left(\frac{d}{D}\right)^{y} \tag{5-7}$$

其中，α 和 y 为常数。由此，对于已经经过退火处理的金属材料，压痕边缘处材料屈服强度的代表值可以写成：

$$Y_e = b\epsilon^x = b\alpha^x\left(\frac{d}{D}\right)^{xy} \tag{5-8}$$

因为 $P_m = cY_e$，所以有

$$P_m = \frac{4W}{\pi d^2} = cb\alpha^x\left(\frac{d}{D}\right)^{xy} \tag{5-9}$$

由此

$$\frac{W}{d^2} = A\left(\frac{d}{D}\right)^z \tag{5-10}$$

其中，$A = \frac{1}{4}\pi cb\alpha^x$ 和 $z = xy$，对于同一金属材料均为常数。

为方便起见，我们可以令 $n = z + 2$，由此可得

$$W = \frac{Ad^n}{D^{n-2}} \tag{5-11}$$

由此，对于不同直径 D_1，D_2，D_3，…球形压头产生的压痕，可以写成：

$$W = k_1 d_1^n = k_2 d_2^n = k_3 d_3^n \cdots \tag{5-12}$$

其中，k_1，k_2，k_3，…由下式确定：

$$A = k_1 D_1^{n-2} = k_2 D_2^{n-2} = k_3 D_3^{n-2} \cdots \tag{5-13}$$

公式(5-12) 和公式(5-13) 所表示的两个法则，见第二章公式(2-4) 和公式(2-5)，首先由 Meyer 凭借经验得到，在相当广泛的材料试验条件下都是成立的。

类似的关系对于经过一定程度冷作业的金属材料也是成立的。这是因为即便对于已经经历一定大小塑性变形 ϵ_0 的金属材料，应力-应变关系仍然可以用 $Y=b_1\epsilon_1^{x1}$ 表示，其中 b_1 和 x_1 为新的常数，ϵ_1 为附加应变。譬如，这个关系式可以应用于图 3-4 中已经经过部分退火处理的铝金属。前面已经看到，应变 ϵ_1 的数值大致等于 $20d/D$，由此可以得到一个与公式(5-11) 类似的关系。Meyer 方程中的 n 值对应于应力-应变关系中的新指数 x_1。

六、 Meyer 指数和应力-应变指数

值得注意的是：根据上面的试验结果，公式(5-7) 中 d/D 的指数 y 接近于1，由此公式(5-12) 和公式(5-13) 中的 n 大致等于 $2+x$。在 Kokado (1925) 早前研究工作的基础上，O'Neill (1944) 建议取 $n=2+2x$。但是，O'Neill 给出的大多数试验值基本接近于 $n=2+x$，如表 5-2 所示。

表 5-2 Meyer 指数 n 和应力-应变指数 x 的对比

(摘自 1944 年 O'Neill 试验数据)

金属材料		Meyer 指数 n 取值(O'Neill)	$n-2$	应力-应变指数 x	Kokado-O'Neill 理论 $(n-2)/2$
Norris 数据	低碳钢 A	2.25	0.25	0.259	0.12
	黄铜	2.44	0.44	0.404	0.22
	冷拔黄铜	2.10	0.10	0.194	0.05
	铜 L	2.45	0.45	0.414	0.23

续表

金属材料		Meyer 指数 n 取值(O'Neill)	$n-2$	应力-应变指数 x	Kokado-O'Neill 理论 $(n-2)/2$
Stead 数据	钢 1A	2.25	0.25	0.24	0.12
	钢 2A	2.25	0.25	0.22	0.12
	钢 4A	2.25	0.25	0.19	0.12
	钢 6A	2.28	0.28	0.18	0.14
Schwarz 数据 (Schwarz n-值)	退火的铜	2.40	0.40	0.38	0.20
	热轧铜	2.12	0.12	0.04	0.06
	退火的镍	2.50	0.50	0.43	0.25
	热轧镍	2.14	0.14	0.07	0.07
	退火的铝	2.20	0.20	0.15	0.10

七、布氏硬度和极限抗拉强度

现在讨论金属材料布氏硬度值和极限抗拉强度之间的关系（Tabor，1951）。在第三章已经看到理想塑性金属材料的极限抗拉强度 T_m 基本与其屈服强度 Y 相等。因为压痕平均压应力 P_m 近似等于 2.8Y，故有：

$$P_m \approx 2.8T_m$$

由此可得：$T_m/P_m \approx 1/2.8 \approx 0.36$。布氏硬度试验中，当采用压痕球面面积代替压痕投影面积计算布氏硬度 B 时，B 的大小常常会比平均压应力 P_m 小几个百分比。因此，T_m/B 通常会略大于 0.36，比方说 0.37～0.38。如果 T_m 表示成 kg/mm^2，对于完全应力强化过的金属材料，有 $T_m/B=0.37$～

0.38。如果 T_m 表示成 tons/in²，比值就变为 0.23～0.24，这与第二章所讨论的试验结果很接近（表 2-1）。

我们将早先研究结论做一个简单的延伸，可以为各种经过不同程度应力强化的金属材料 T_m/B 导出一个更为通用的关系式。我们考虑一个拉伸试件的应力-应变曲线，其中真实应力 Y 表示成线性应变 ϵ（长度变化的比值）的函数。这类应力-应变曲线类似于我们在推导 Meyer 法则所使用的曲线，因此可以假设：

$$Y=b\epsilon^{x} \tag{5-14}$$

其中，$x=n-2$。该曲线在图 5-7 中用实线表示。根据这条曲线，我们可以计算出金属材料任一变形阶段的表观应力或名义应力。假设在图 5-7 中某一点金属材料拉伸长度变化对应的

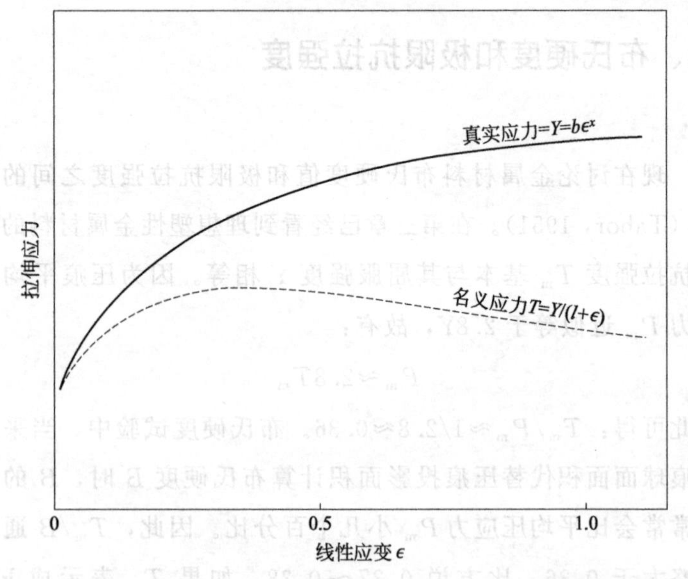

图 5-7　拉伸过程出现应力强化的典型金属材料的应力-应变曲线

应变是ϵ，则试件的长度就变为$1+\epsilon$。因为在塑性变形阶段，金属材料的体积变化可以忽略不计，试件的横截面面积会减小$1/(1+\epsilon)$，因此名义应力T会变为$T=Y/(1+\epsilon)$。由此，根据公式(5-14)，T随着ϵ的变化会变为：

$$T=\frac{b}{1+\epsilon}\epsilon^{x} \tag{5-15}$$

将公式（5-15）对ϵ进行微分并令其等于0，可以得到ϵ的最大值。

$$\frac{\mathrm{d}T}{\mathrm{d}\epsilon}=\frac{bxb\epsilon^{x-1}}{1+\epsilon}-\frac{b\epsilon^{x}}{(1+\epsilon)^{2}}=0$$

或者

$$x(1+\epsilon)=\epsilon$$

由此

$$\epsilon=\frac{x}{1-x} \tag{5-16}$$

这里有两种特殊情况值得考虑。第一种情况，对于完全应力强化过的金属材料，$x=0$，因此$Y=b\epsilon^{0}=b$为常数。这种情况下$\epsilon=0$，这意味着最大拉伸应力T_{m}发生在应变为零的情况，也就是一旦金属材料出现塑性变形就开始破坏（见第三章，图3-6）。这就是应力强化过的金属材料$T_{m}=Y$的原因。第二种情况就是当$x=1$时，由此得到$\epsilon=\infty$。这意味着金属材料的应力强化更加迅速，超过了试件截面减小的速度，因此其名义拉伸应力不会达到极值，但会持续增加直到金属材料截面为零为止。当然，实际上这种情况不会发生，因为指数 x 的取值不会超过 0.6。

我们将公式(5-16) 得到的ϵ值代入公式(5-15)，就得到名义拉伸应力 T_m 的最大值，即

$$T_m = \frac{b}{1+x/(1-x)}\left(\frac{x}{1-x}\right)^x$$

或者

$$T_m = b(1-x)\left(\frac{x}{1-x}\right)^x \tag{5-17}$$

现在可以用金属材料的应力-应变曲线来确定其硬度值。如果在硬度测量中，压痕尺寸大小为 $d/D=0.5$，对应的特征应变为 $\epsilon=10\%$或者 $\epsilon=0.1$。由此，代表性的屈服强度变为：

$$Y_e = b(0.1)^x$$

对应屈服压应力 P_m 可以写为：

$$P_m = 2.8b(0.1)^x \tag{5-18}$$

对于这样大小的压痕，曲面面积与投影面积之比为 1.07，布氏硬度数值 B 大约会比 P_m 小 7%，即

$$B = 2.62b(0.1)^x \tag{5-19}$$

将公式(5-17) 和公式(5-19) 结合使用，可以得到：

$$\frac{T_m}{B} = \frac{1-x}{2.62}\left(\frac{10x}{1-x}\right)^x \tag{5-20}$$

当 x 取值在 0～0.6 之间变化时，上式中的比值计算结果见表 5-3 和图 5-8。

表 5-3　当压痕 $d/D=0.5$ 时 T_m/B 的比值

x	0	0.1	0.2	0.3	0.4	0.5	0.7
T_m/B	0.38	0.35	0.37	0.42	0.49	0.60	0.81

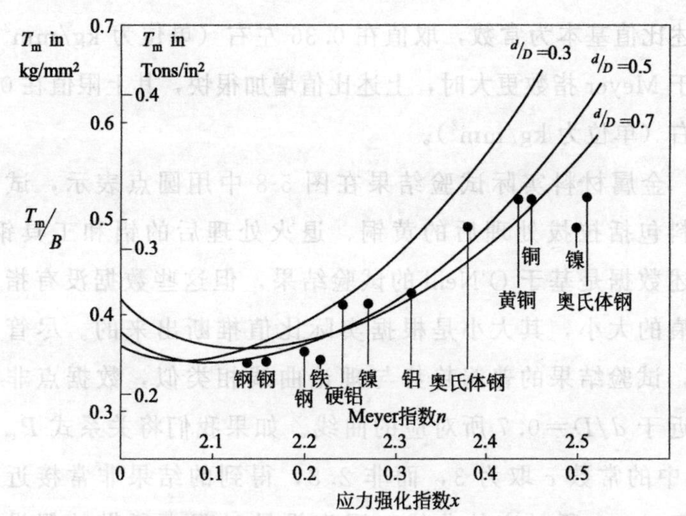

图 5-8　极限抗拉强度 T_m（作为 Meyer 指数 n 的函数）与布氏硬度 B 的比值

该比值与压痕大小有一定关系，图 5-8 中绘制的曲线对应于 $d/D=0.3$，0.5，0.7 三种压痕尺寸，O'Neill 的试验结果在图中用圆点表示。

因为大多数布氏硬度试验产生的压痕在 $d/D=0.3$ 到 $d/D=0.7$ 之间变化，类似的计算也是在此基础上进行计算的。需要指出的是，对于 $d/D=0.3$，$P_m=1.024B$，而应变为 $\epsilon=0.06$。类似的，对于 $d/D=0.7$，$P_m=1.17B$，而应变为 $\epsilon=0.14$。这些对应于以下的关系式：

$$\text{当}\frac{d}{D}=0.3,\quad \frac{T_m}{B}=\frac{1-x}{2.73}\left(\frac{16.7x}{1-x}\right)^x \tag{5-20a}$$

$$当\frac{d}{D}=0.7, \qquad \frac{T_m}{B}=\frac{1-x}{2.39}\left(\frac{7.14x}{1-x}\right)^x \qquad (5\text{-}20b)$$

这些结果也在图 5-8 中绘出。从图中可以看出，所有的曲线具有相同的特征。对于 Meyer 指数在 2～2.2 之间变化时，上述比值基本为常数，取值在 0.36 左右（单位为 kg/mm^2）。对于 Meyer 指数更大时，上述比值增加很快，其上限值在 0.5 左右（单位为 kg/mm^2）。

金属材料实际试验结果在图 5-8 中用圆点表示，试验材料包括拉拔处理后的黄铜、退火处理后的铝和工具钢。上述数据是基于 O'Neill 的试验结果，但这些数据没有指明压痕的大小，其大小是根据实际比值推断出来的。尽管这样，试验结果的普遍趋势与理论曲线相类似，数据点非常接近于 $d/D=0.7$ 所对应的曲线。如果我们将关系式 $P_m=cY$ 中的常数 c 取为 3，而非 2.8，得到的结果非常接近于 $d/D=0.5$ 所对应的曲线。因为推导过程中所做的假设都带有某种程度的近似，这样的符合度我们已经觉得很好了。首先，我们假设应力-应变曲线可以用 $Y=b\epsilon^x$ 这样的关系式表示，它只在一个有限的范围内是成立的。其次，我们假设 $x=n-2$。最后，硬度测量中我们假设压痕的应变是 $20d/D$。这些假设都是近似的，微小的偏差就会导致 T_m/B 出现比较大的误差。尽管这样，试验结果的整体趋势和具体数值还是非常接近于理论值。

很显然，如果材料拉伸试验中出现很重要的结构变化，而这些在硬度试验中又不会出现，上面的简化理论就不再适用。这种情况会出现在某些奥氏体钢和有严重缺陷的金属材料拉伸试验中。对于其他金属材料，硬度试验可以为确定材料拉伸强度提供一个简单和相当可信的手段（更为详细的讨论见 Tabor，1951）。

参 考 文 献

KOKADO，S.（1925），*J. Soc. Mech. Engrs. Japan*，**28**，257.

KRUPKOWSKI，A.（1931），*Rev. Métall.* **28**，641.

NADAI，A.（1931），*Plasticity*，McGraw-Hill，New York.

O'NEILL，H.（1934），*The Hardness of Metals and Its Measurement*，Chapman and Hall，London.

——（1944），*Proc. Instn，Mech. Engrs.* **151**，115.

TABOR，D.（1948），*Proc. Roy. Soc.* A，**192**，247.

——（1951），*J. Inst. Metals.*

第六章

球形压头下金属的变形：变浅和弹性回弹

一、回弹后压痕的往复变形

我们已经观察到，由硬质球形压头在金属材料表面留下的永久压痕的曲率半径，要大于所压入球体的曲率半径。这个效应通常被归结为试件材料中弹性应力的释放。很显然，如果真实情况就是这样，这个过程中的变形应当是可逆的。也就是说，如果将球形压头重新放入回弹后的压痕中并施加原先的压力载荷，材料表面应该只出现弹性变形，载荷移走后，回弹后压痕的弦长直径和曲率半径应当与先前保持一致。

现在介绍一下在这方面所进行的一些试验（Tabor，1948)。采用不同直径的硬质钢球，在不同的金属材料表面产生一系列的压痕，使所用的压力载荷在 250kg 到 3000kg 之间变化。测量 1、2、3 和 5 次载荷作用下所形成的压痕直径 d。用高精度轮廓仪（a)，压痕直径位置的金相试片（b）测量回弹后压痕的曲率半径 r_2。反复测量压痕直径 d 的大小，相互之间偏差不超过 1%。采用轮廓法测量得到的压痕曲率半径，相互之间偏差小于 4%。上述试验的部分结果与压痕直径位置的直接显微照相结果做对比，符合度在 98%～99%之间。譬如，500kg 的压力载荷（球体大小 10mm）第一次作用在低碳钢材料上，轮廓法所确定的压痕曲率半径为 0.595cm，直接轮廓法的结果是 0.605cm，这些数值很有代表性。相关试验结果见表 6-1。

表 6-1　不同钢球和载荷下的压痕直径与曲率半径

金属	钢球半径 r_1/cm	载荷 /kg	压痕尺寸 /cm	载荷作用的次数			
				1	2	3	5
黄铜	0.952	500	d	0.270	0.270	0.270	0.270
			r_2	1.21	1.21	1.19	1.20
铝合金	0.952	500	d	0.260	0.260	0.263	—
			r_2	1.15	1.16	1.16	—
低碳钢	0.50	500	d	0.183	0.185	0.186	0.192
			r_2	0.595	0.585	0.55	—
强化钢	0.50	1000	d	0.202	0.200	0.203	0.206
			r_2	0.677	0.677	0.68	0.652
	0.952	3000	d	0.330	0.330	0.338	0.338
			r_2	1.39	1.37	1.31	1.37
	1.59	3000	d	0.370	0.366	0.366	0.365
			r_2	2.80	2.77	2.84	2.71

从表中可以看出，当初始压力载荷第 2 次和第 3 次分别作用，所留下的压痕直径和曲率半径基本保持不变。这表明当压力载荷移除后，压痕的回弹是可逆的，主要归因于压痕周围金属材料弹性应力的释放。

二、变浅和弹性回弹

因为压痕回弹是弹性的，我们可以应用经典弹性理论分析压痕的形状变化。将压痕成型后的金属材料表面条件做个简化，假设它形成的表面是一个平面 $XABY$，其中包含一个直径 $d=2a$、曲率半径为 r_2 的球形压痕，见图 6-1(a)。

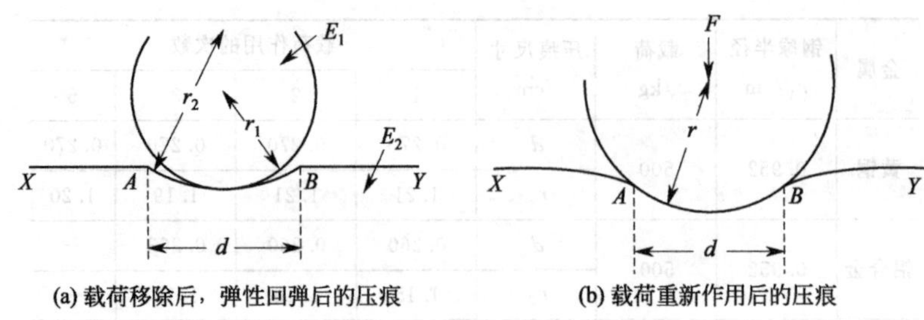

图 6-1　球形压头产生的压痕

当一个硬质钢球（曲率半径 r_1）放入材料表面已有压痕中，作用一个大小为 F 的正压力，两种材料表面同时产生弹性变形，共同形成一个曲率半径为 r 的曲面（其中 $r_2>r>r_1$），该变形曲面边界最终与原压痕边界重合如图 6-1(b) 所示。假设此变形过程中钢球直径 d 的变化很小（这个假定被广泛接受），重合误差只有几个百分比。根据描述球体表面弹性变形的 Hertz 经典方程（Hertz，1896），d、r_1 和 r_2 之间存在关系：

$$d=2a=2.22\left[\frac{F}{2}\frac{r_1 r_2}{r_2-r_1}\left(\frac{1}{E_1}+\frac{1}{E_2}\right)\right]^{1/3} \tag{6-1}$$

其中，E_1、E_2 分别为硬质压头和试验金属材料的弹性模量，并假设泊松比取 0.3。

在一篇关于这个方程推导的讨论中，Prescott（1927）指出，即便压痕周边材料的表面 $XABY$ 不是一个平面，仍会得到同样的结果。譬如，如果材料表面在 A 和 B 位置出现抬高［图 6-2(a)］或者下沉［图 6-2(b)］，上述方程仍然有效，只要 A 点和 B 点的抬高和下沉幅度不是很明显。

我们将这个方程应用到前面 r_1、r_2、F 和 d 的测量

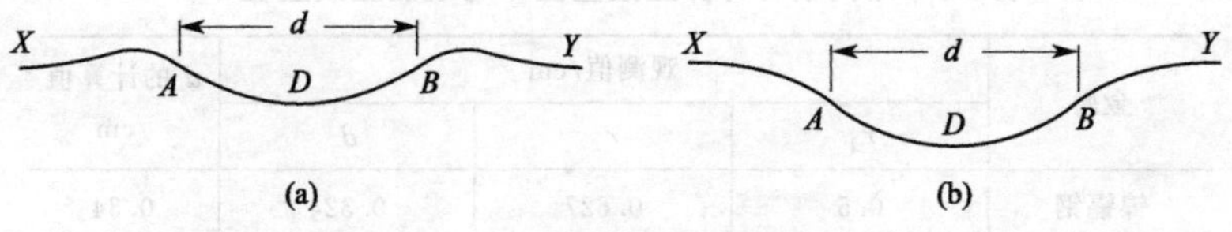

图 6-2　压痕周边上凸和下凹

中。将根据公式(6-1)计算得到的压痕直径 d 与回弹后观测到的压痕直径做比较，结果见表 6-2。从表中可以看出，最后两列数据之间符合得相当好，尤其当确定 r_2 的精度还存在 4%左右偏差的情况。

表 6-2　计算得到的压痕直径 *d* 与回弹后观测得到的压痕直径

金属	E_1 假设值 /(dyn[①]/cm^2)	载荷 /kg	观测值/cm			d 的计算值 /cm
			r_1	r_2	d	
黄铜	10×10^{11}	250	0.5	0.64	0.160	0.17
		500	0.952	1.21	0.27	0.26
铝合金	7×10^{11}	250	0.5	0.66	0.178	0.18
		500	0.952	1.15	0.26	0.30
碳素钢	20×10^{11}	500	0.5	0.605	0.183	0.20
硬质钢	20×10^{11}	1000	0.5	0.677	0.202	0.22
		3000	0.952	1.39	0.330	0.36
		3000	1.59	2.80	0.37	0.39

① 1dyn=10^{-5}N。

就我们所关注的问题，利用一下早先研究者的试验结果。

(一) Batson (1918) 提供的压痕数据。试验采用直径 10mm 的硬质球、载荷取 3000kg，在三种不同钢材表面进行测试。对所有的钢材，假设 $E_2=20\times10^{11}$ dynes/cm^2，结果见表 6-3。

表 6-3 不同钢材计算压痕直径 d 与观测压痕直径 d

金属	观测值/cm			d 的计算值/cm
	r_1	r_2	d	
镍镉钢	0.5	0.627	0.324	0.34
马氏体钢	0.5	0.569	0.407	0.41
轨道钢	0.5	0.537	0.445	0.49

从表中可以看出，压痕直径 d 的观测值和计算值之间符合得很好。

（二）Foss 和 Brumfield（1922）提供的压痕数据。试验采用直径 10mm 的硬质球、载荷为 3000kg，在不同黄铜材料表面进行测试，结果见表 6-4。

表 6-4 不同黄铜材料的计算压痕直径 d 与观测压痕直径 d

金属	E_2 假设值/(dyn/cm^2)	载荷/kg	观测值/cm			d 的计算值/cm
			r_1	r_2	d	
软黄铜 1	9×10^{11}	3000	0.5	0.518	0.555	0.7
软黄铜 2	9×10^{11}	500	0.5	0.521	0.330	0.38
硬青铜 3	7.5×10^{11}	3000	0.5	0.527	0. 497	0.66
软青铜 4	7.5×10^{11}	500	0.5	0.557	0.276	0.28
硬青铜 5	7.5×10^{11}	3000	0.5	0.531	0.499	0.63
软青铜 6	7.5×10^{11}	500	0.5	0.566	0.302	0. 28

从表中可以看到：对于较小压力载荷（500kg），压痕直径 d 的观测值和计算值符合程度较好，而对于较大压力载荷（3000kg）符合度较差。这主要是因为对于较大载荷，赫兹公式并不完全适用。此外，较软的金属材料在较高载荷作用下，r_1 和 r_2 差异很小，因此在计算 $r_2r_1/(r_2-r_1)$ 时引入的误差会很大。在表 6-5 中，我们选取钢球半径 r 大于 0.55cm 的试

验结果。

（三）Foss 和 Brumfield（1922）提供的压痕数据。试验采用直径 10mm 的球、载荷为 3000kg，在不同钢材表面进行测试，结果见表 6-5。对所有的钢材，假设 $E_2 = 20 \times 10^{11}$ dyn/cm²。从表中可以看出，压痕直径 d 的计算值和观测值之间符合得很好。

表 6-5　Foss 和 Brumfield 提供的压痕直径 d 的计算值和观测值

金属	观测值/cm			d 的计算值/cm
	r_1	r_2	d	
0.5C-A	0.5	0.56	0.440	0.43
0.5C-W	0.5	1.03	0.260	0.25
0.9C-T	0.5	0.814	0.310	0.28
0.9C-W	0.5	1.372	0.240	0.23
MKD 455	0.5	0.568	0.349	0.36

上述试验数据表明，通常情况下，压痕直径 d 的观测值和计算值之间符合得很好，尤其是当 r_2 不太接近 r_1 时，也就是当压痕弹性回弹比较明显的时候。当然，因为压痕直径 d 的计算涉及立方根的求解，F、r_1、r_2、E_1 和 E_2 的偏差不是很关键。尽管这样，对于各种金属材料和试验条件来说，两者的符合程度还是很稳定的。

三、应力分布

为什么压痕回弹后的形状基本还是球形，赫兹理论分析认为，在相互接触固体间的弹性变形中，只存在一种压应力分布，其使得一个平坦表面产生变形成为球体的一部分，或者使一个球面变为另一个不同直径的球面。这种情况下的正应力分布见第四章图 4-3，在图 6-3 中用实线重新绘出。Ishlinsky 的研究表明，金属材料在球形压头作用下产生塑性变形时，压应力分布见图 4-7，这在图 6-3 中用虚线表示。从图中可以看出，球形压头作用下的应力分布与实线非常接近。因此，在压痕产生明显塑性变形的过程中，相应的应力分布类似于球体表面弹性变形时的应力分布。

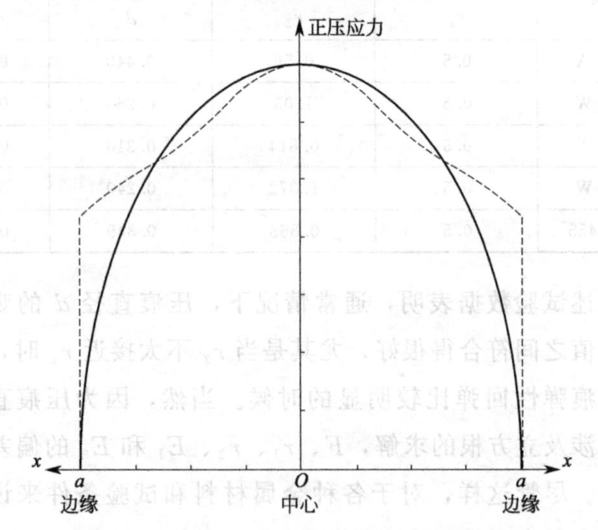

图 6-3　球形压头作用下，金属材料在圆形接触区的压应力分布

其后，当载荷移除时金属材料内部的弹性应力被释放，压痕回弹变形类似于球体表面产生弹性变形的方式，这就使得原先压痕的球体表面变形为另一个不同曲率的球面。正是因为这个原因，弹性回弹后的压痕基本是球形的。如果压痕塑性变形阶段的应力分布不是呈球形的，那么实际压痕形状也就不是这样。这个结论再次说明，尽管 Ishlinsky 的分析假

定不严格符合力学原理，但最终结果与真实试验结果符合得很好。

四、释放的弹性应力和金属材料的黏附作用

压痕回弹所释放的弹性应力，对金属材料表面的黏附问题起着很重要的作用。相互滑移金属材料的摩擦和表面磨损研究表明，当金属材料表面接触在一起，实际接触区域内金属产生塑性流动并形成金属键，其尺寸大于原子尺寸。相互滑移过程中，上述金属键被剪断，实际上摩擦力基本就是这些金属键的抗剪强度。当金属键被剪断时，通常会出现金属材料从一个金属表面转移到另一个金属表面的现象，金属表面的显微镜观察可以证明金属键的连接和剪断（Bowden，Moore 和 Tabor，1941）。即便金属相互滑移的速度很慢，摩擦产生的热量很小，接触面上的温度不会显著高于室温，也可以观察到这种现象。在这种情况下，金属键的形成主要归因于两种金属材料接触区塑性流动所产生的冷焊接过程。

由此，我们可能会问为什么金属表面没有出现很明显的法向黏附力。通常的经验是，如果一块铜试件压到一块铁试件上，即便两者表面完全没有润滑膜，它们也不会黏附在一起。尽管这样，如果它们相互之间出现滑移，有足够多的证据证明它们之间形成金属键，并在滑移过程中被剪断。

对于这个问题，我们有两方面的回答。首先，滑移过程本身趋向于消除金属材料表面的污染物，这些污染物会影响金属键的形成，没有滑移时，正压力下这些污染物薄膜层不

容易穿透。其次，对于更硬质的金属材料，当载荷移除时弹性应力被释放，趋向于打断已经形成的金属键，因此当载荷完全移除时可能就没有金属键剩余了。这个观点得到如下的验证：对于较软质的金属材料，其释放的弹性应力更小，金属键延展性也更好，可以观察到明显的黏附力。假设一个洁净的直径为 1/8in 的钢球在 3kg 的压力下加载 10s 压入一个完全打磨过的铟棒的表面，会发现表面的黏附现象非常明显，大约需要 3kg 的法向力才能将它们分开见图 6-4。从图中可以看出黏附力基本等于初始压力载荷。此外，钢球表面覆盖有铟金属的微小碎片，这表明接触面上形成的金属键强度至少与铟金属本身的金属键一样。正因为如此，断裂发生在铟试件的材料内部（McFarlane 和 Tabor，1950）。

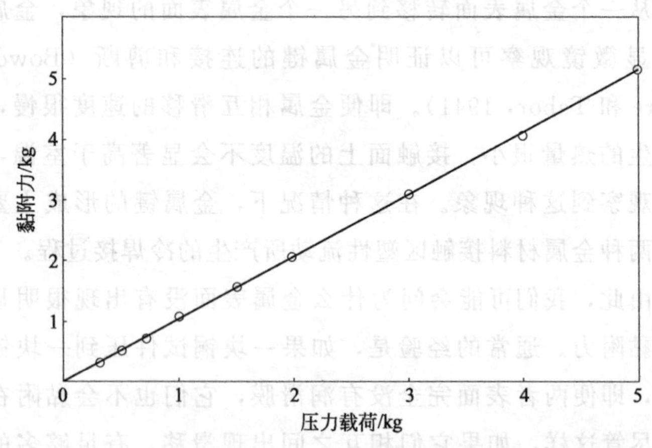

图 6-4　一个被压入新加工铟试件表面的清洁钢球的黏附作用

估计一个典型的球形压痕在弹性应力释放后的形状变化是一件有意义的事情。如果将一个直径为 5mm 的钢球用 3kg 的力压入铟棒的表面，会形成一个弦长直径为 5mm 的球形压痕，因为铟的屈服应力只有 $1kg/mm^2$ 左右。如果金属表面没有附着力产生，载荷移除后弹性应力会释放，计算表明回弹后的压痕曲率半径为 2.51mm。由此，压痕边缘与钢球表面之间有不大于 10^{-4}cm 的差异。这个数值很小，实际上这个差异会由铟材料本身的延展性来弥补。

如果相同的试验在一个屈服应力为 $160kg/mm^2$ 钢试件上进行，产生一个弦长直径 2mm 的球形压痕所需要的载荷大约是 500kg。载荷移除以后，弹性回弹后压痕的曲率半径是 2.74mm。这对应于压痕边缘的偏差是 2×10^{-3}cm。这大概是铟棒情况下所产生差异的 20 倍，这足以打断它们之间所形成的金属键。

要计算载荷移除后压痕边缘高差 Δh 的常用表达式，并不是很麻烦。如果 d 是压痕的弦长直径，r_1 为球形压头的曲率半径，r_2 为回弹后压痕的曲率半径［图 6-1(a)］，做一次近似处理可以得到：

$$\Delta h=\frac{d^2}{8}\left(\frac{1}{r_1}-\frac{1}{r_2}\right)=\frac{d^2}{8}\left(\frac{r_2-r_1}{r_1 r_2}\right) \tag{6-2}$$

根据公式(6-1)，我们可以将 $(r_2-r_1)/r_1 r_2$ 用压头和金属材料的弹性模量 E_1、E_2 和外载荷 W 来表示，其中 $Wg=F$。记住，金属材料的屈服压应力 P_m 根据下式计算：

$$P_m=4W/\pi d^2$$

最终可以得到：

$$\Delta h=0.58\times10^8 P_m d\left(\frac{1}{E_1}+\frac{1}{E_2}\right) \tag{6-3}$$

其中，Δh 和 d 单位为 cm，P_m 的单位是 kg/mm^2，E_1 和 E_2 单位是 dyn/cm^2。

从上面的方程可以看到，金属材料的材质越硬，Δh 计算值就越大。因为硬质金属的延展性不大，载荷移除后金属键保持完整的可能性会较小。上述计算结果也表明，硬质金属材料的弹性回弹，使得载荷初始作用时所形成的黏附力失效。这使得金属粉末的熔结过程通常在高温情况下进行。原因之一就是当粉末压实成型后，通过加温的方式释放在金属颗粒中形成的弹性应力。更为详尽的讨论见 McFarlane 和 Tabor 的著作（1950）。

五、布氏硬度试验所涉及的过程

现在总结一下前面三章的研究结论，并介绍布氏硬度试验所涉及的相关过程。当一个硬质钢球压入一个待试验的金属材料表面，金属材料首先产生弹性变形。随着载荷的逐渐增加，当金属材料内部最大剪应力超过其弹性限值时，就开始进入塑形变形阶段。这会出现在金属材料和压头之间的平均压应力达到 1.1Y 左右时（Y 为金属材料的屈服强度或弹性限值），但塑形变形局限在球形压头接触中心区下面一个很小的区域。随着外载荷的进一步加大，压头下方的平均压应力也会增加，塑性变形区域逐渐扩大，直到压头接触区周围的金属材料全部出现塑性变形。在这个阶段，压头下方的平均压应力值达到 3Y 左右。如果载荷再增加，压头会更多地陷入金属材料内部，但平均屈服压应力仍然维持在 3Y 左右不变。当然，这里假定所试验的金属材料不会出现应力强化。如果压入过程中金属材料出现应力强化（实际情况常常是这样），

Y 的实际值通常会明显高于初始变形阶段的屈服强度值。因此，布氏硬度试验中存在两个同步的影响系数。第一个影响系数是从开始出现塑性变形到“完全”形成塑性变形，平均压应力从 $1.1Y$ 增加到 $3Y$。第二个是随着压痕成型的过程，材料出现应力强化，Y 值逐步增大。

大多数布氏硬度试验是在产生完全塑性变形的阶段进行的。因此，随着外载荷的增加，导致屈服压应力增加的主要因素是金属材料的应力强化特性。金属材料出现应力强化的程度取决于形成压痕本身产生的变形大小。这可以用压痕尺寸大小来表示。因此，如果球形压头直径为 D，一个弦长直径为 d 的压痕所产生的有效变形近似等于 $20d/D$，这里的变形用一个百分比形式的应变来表示。按照这种方法，金属材料屈服压应力随着压痕尺寸增加的关系可以直接与其应力-应变特性相关联。这样的分析可以很好地解释我们熟知的 Meyer 经验法则，并表明应力强化指数 x 与 Meyer 指数 n 之间存在 $n \approx x+2$ 的关系。

当压痕逐步成型并最终达到平衡时，接触区材料的塑性流动变形基本结束，整个压力载荷由试件材料中的弹性应力来支承。如果外载荷移除，压痕会出现弹性回弹现象，压痕形状相应变化。如果在弹性回弹后的压痕上重新通过压头施加相同的载荷，材料表面只产生弹性变形，直到压头与原先的压痕尺寸完全吻合。此时，接触处弹性应力达到压痕周围已塑性变形材料所能承受的应力最大值。如果外载荷被移除或减小，弹性应力将被释放。如果外载荷进一步增加，接触压应力会超过弹性限值，试件材料再次出现塑性变形。压痕尺寸会进一步加大，应力强化范围也进一步扩大，上述过程继续进行，直到在更大范围的压痕区域上分布的压应力低于材料应力强化后的弹性极限值。

参考文献

BATSON, R. G. (1918), *Proc. Instn. Mech. Engrs.* **2**, 463.

BOWDEN, F. P., MOORE, A. J. W., and TABOR, D. (1943), *J. App. Phys.* **14**, 80.

FOSS, F., and BRUMFIELD, R. (1922), *Proc. Amer. Soc. Test. Mat.* **22**, 312.

HERTZ, H. (1881), *J. reine angew. Math.* **92**, 156; see also *Miscellaneous Papers* (1896), London.

McFARLANE, J. S., and TABOR, D. (1950), *Proc. Roy. Soc.*, A **202**, 224.

PRESCOTT, J. (1927), *Applied Elasticity*, Longmans, London.

TABOR, D. (1948), *Proc. Roy. Soc.* A **192**, 247.

第七章
采用圆锥和棱锥压头测量硬度

一、圆锥形压头

Ludwik（1908）首先将圆锥形金刚石压头引入金属材料的硬度测量中。他采用锥顶角为 90°的圆锥体作为压头，并将硬度定义为压痕表面上的平均压应力。这样，在外载荷 W 作用下，压痕直径为 d，压痕的表面面积为$\sqrt{2}\pi d^2/4$，因此 Ludwik 硬度值 H_L 定义为：

$$H_L = \frac{4W}{\sqrt{2}\pi d^2} \tag{7-1}$$

正如在第二章所看到的，这个压应力没有真实的物理意义。如果接触面没有摩擦，压头和压痕之间的真实压应力 P 应该是载荷与压痕的投影面积之比，即 $P = 4W/\pi d^2$。由此可见，Ludwik 硬度值只是平均屈服压应力 P 的 $1/\sqrt{2}$ 倍。试验表明，Ludwik 硬度值基本与载荷无关，而与圆锥体顶角大小有关。

图 7-1 给出一个硬质圆锥形钢压头压入已应力强化过的金属铜试件（Bishop，Hill 和 Mott，1945）的试验结果，实线代表未润滑的表面，虚线代表良好润滑过的表面，点线为假设摩擦系数 $\mu=0.2$ 根据公式(7-2) 计算所得的结果。从图中可以看到，圆锥越尖（即锥顶角越小），屈服压应力就越大。这部分归因于圆锥形压头周围金属材料出现塑性流动变形的成形过程。但 Hankins 提出，这种屈服压应力的增加或许需要用圆锥压头和金属材料间的摩擦作用来解释，这一点基本得到了试验验证。当采取有效措施尽量减小压头和金属材料间的摩擦时，屈服压应力非常接近于常数，见图 7-1 中虚线。图 7-1 中虚线表示采用

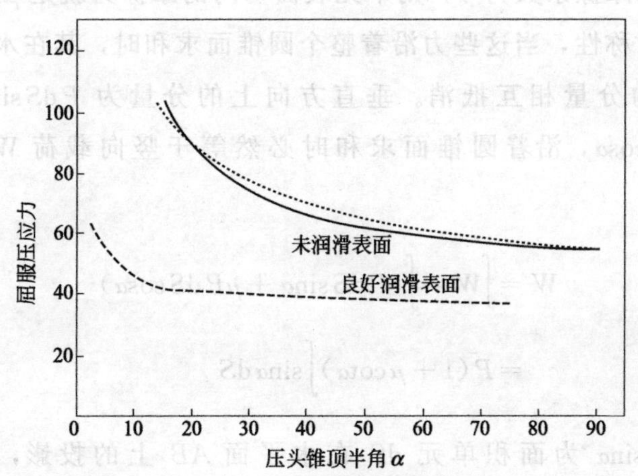

图 7-1　圆锥形压头压入已应力强化过金属铜所产生的压痕

润滑过压头的硬度试验结果。试验中将原先的压头取出后重新润滑过，并施加原先的载荷重复试验。每个试验结果固定在同一个载荷下进行，直到压痕尺寸没有进一步变化。

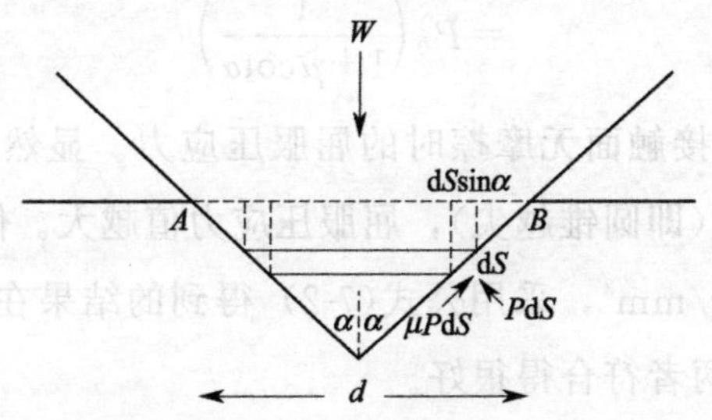

图 7-2　圆锥形压头和产生变形金属材料之间的摩擦作用

Hankins（1925）假设存在一个固定的屈服压应力 P，它与压头的形状完全无关。这样，在圆锥表面任一面积为 $\mathrm{d}S$ 的单元上，垂直作用的载荷为 $P\mathrm{d}S$（图 7-2）。如果圆锥和压痕

之间的摩擦系数为 μ，则单元表面切向的摩擦力就是 $\mu P\,\mathrm{d}S$。根据对称性，当这些力沿着整个圆锥面求和时，其在水平方向上的分量相互抵消。垂直方向上的分量为 $P\,\mathrm{d}S\sin\alpha$ 和 $\mu P\,\mathrm{d}S\cos\alpha$，沿着圆锥面求和时必然等于竖向载荷 W。因此有：

$$W=\int W=\int(P\,\mathrm{d}S\sin\alpha+\mu P\,\mathrm{d}S\cos\alpha)$$

$$=P(1+\mu\cot\alpha)\int\sin\alpha\,\mathrm{d}S$$

而 $\mathrm{d}S\sin\alpha$ 为面积单元 $\mathrm{d}S$ 在水平面 AB 上的投影，因此 $\mathrm{d}S\sin\alpha$ 的积分就等于横截面 AB 的面积，即 $\pi d^2/4$。由此：

$$W=P(1+\mu\cot\alpha)\pi d^2/4$$

或者

$$P=\frac{4W}{\pi d^2}\left(\frac{1}{1+\mu\cot\alpha}\right)$$

$$=P_0\left(\frac{1}{1+\mu\cot\alpha}\right) \qquad (7\text{-}2)$$

其中，P_0 为接触面无摩擦时的屈服压应力。显然，上述模型中 α 值越小（即圆锥越尖），屈服压应力值越大。假设 $\mu=0.2$ 和 $P_0=57\mathrm{kg/mm^2}$，采用公式(7-2) 得到的结果在图 7-1 中用点线表示，两者符合得很好。

但这个模型在更宽泛物理层面上是否正确，还值得探讨。譬如，当圆锥变为一个平的圆柱形冲头（$\alpha=90°$），$P=4W/\pi d^2$，这意味着屈服压应力与压头和压痕表面间的摩擦力没有关系。全塑性分析表明这是不对的。完整的分析很复杂就不在这里给出，但基本内容已经在第三章中做过介绍。

二、棱锥形压头

棱锥形金刚石压头首先由 Smith 和 Sandland（1922）引入硬度试验中，而后由 Messrs. Vickers-Armstrong 公司加以拓展和完善。这种方法也被用在 Firth 硬度设备上。Vickers 硬度仪中锥形压头相对应棱锥面之间的夹角是136°，所采用的压头为正四边形棱锥体。选择这个角度是基于与布氏硬度试验的一个类比分析。在一个压头直径为 D 的布氏试验中，通常会使压痕直径取在 $0.25D$ 到 $0.5D$ 之间，其平均值是 $0.375D$。从一个这样压痕的直径和圆周的接触点上引切线，所包含的夹角是136°，见图 7-3。

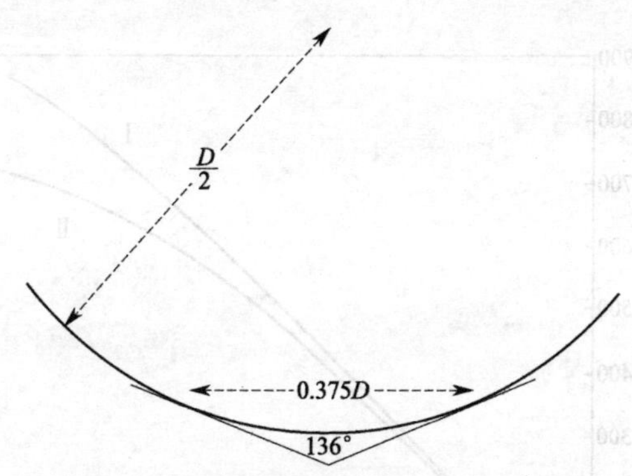

图 7-3　从压痕的直径和圆周的接触点上引切线

棱锥形压头的基底面积等于压痕表面积的 0.927。因为维氏硬度 H_v 定义为压力载荷除以压痕的表面积，所以屈服压应力与维氏硬度间存在以下关系：

$$H_v = 0.927P$$

在维氏硬度试验中，需要测量压痕的对角线长度。如果压痕是正方形的并且对角线的平均尺寸是 d，那么压痕的投影面积是 $d^2/2$，由此得到屈服压应力为 $2W/d^2$。因此有

$$H_v=0.927(2W/d^2)$$

根据被测试金属材料的硬度大小，压入载荷取值通常在1～120kg之间，压痕的对角线长度值常常不大于1mm。当需要进行微观硬度测量时，也可以使用更小的载荷，但这样做会削弱测量的精度。维氏硬度单位为 kg/mm^2，对于正常的硬度测量，其精度可以高于0.5%。试验表明（F.C.Lea，1936），维氏硬度大小与压痕的尺寸大小无关，因此也与载荷大小无关。在这个方面维氏与布氏硬度试验有所不同，但对于一个给定的载荷，布氏和维氏硬度值通常基本相同，如图7-4所示。图中曲线Ⅰ代表采用10mm的钢球在金属表面

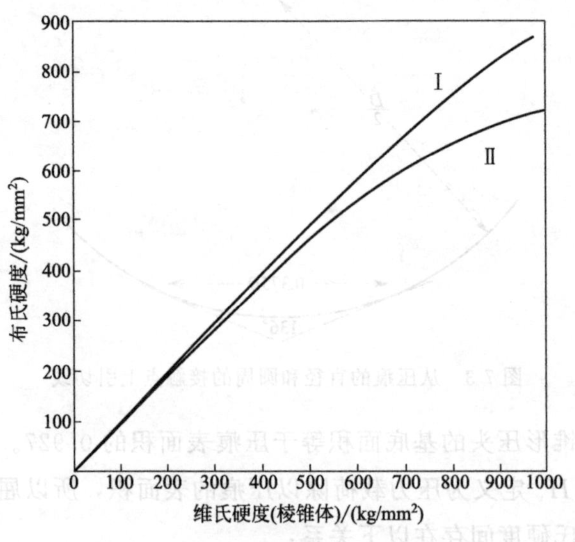

图7-4 维氏与布氏硬度值之间的关系

形成一个大小为 0.375 倍钢球直径的压痕所得到的布氏硬度值；曲线Ⅱ代表采用 10mm 的钢球在 3000kg 恒定压力下所得到的布氏硬度值。这些均基于 Williams（1942）的试验数据。

尽管压头采用金刚石材料，其在压痕成型过程中自身的变形很小，我们还是常常会发现当压头移除后，压痕并不是一个完整的方形轮廓。譬如，对于经过退火处理的金属材料，压痕周边会凹陷（针垫形外观），这对应于棱锥形压痕周围金属材料的凹陷现象。对于经过高度应力强化的金属材料，压痕周边会外凸（圆筒形外观），对应于压痕周围金属材料的堆起现象。对于这些影响的经验修正做法已经有研究者给出了建议。

三、Knoop 压头

这种压头是一个用金刚石材料制成的棱锥体，其长边和短边所对的锥顶角分别是 172°30′和 130°（图 7-5）。所形成的压痕是一个平行四边形，其长对角线大约是短对角线的 7 倍（Knoop，Peters 和 Emerson，1939）。试验表明，当外载荷 W 移除后，因为弹性变形恢复，压痕在短对角线方向上有相当明显的减小。而长对角线方向 l 长度变化很小，被用来作为硬度测量的基础。

根据压头的几何形状和长度 l，可以计算出未弹性“恢复”情况下压痕的投影面积 A，由此 Knoop 硬度 H_k 定义为 $H_k=W/A$。另一方面，短对角线方向上压痕尺寸的变化，可以用来作为金属材料弹性性能的一种度量。

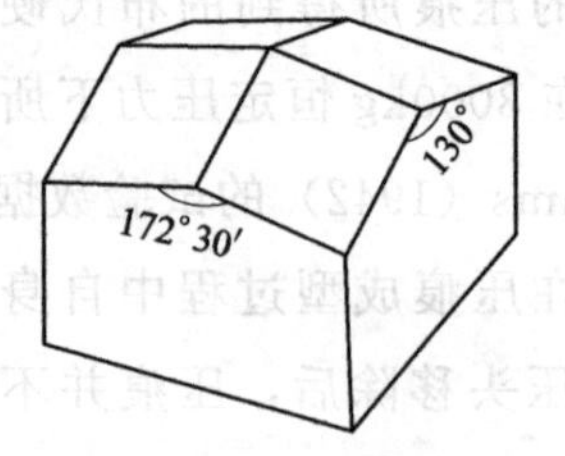

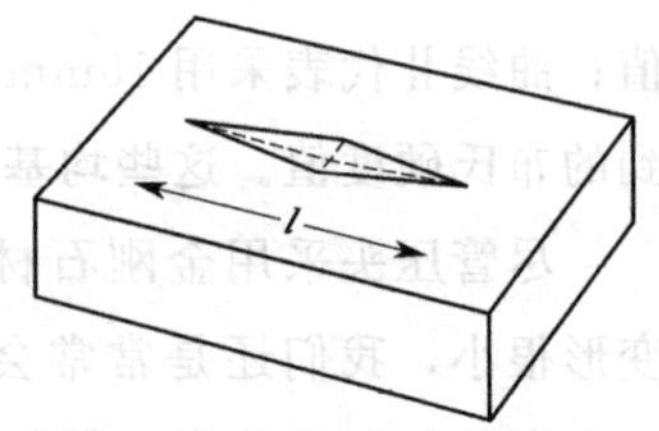

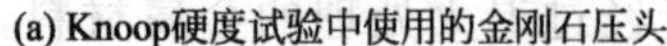
(a) Knoop硬度试验中使用的金刚石压头　　(b) 压痕长度方向为宽度方向的7倍

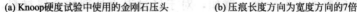

图 7-5　Knoop 压头及所形成的压痕

通常，Knoop 试验所使用的压力载荷大约在 0.2kg 到 4kg 之间变化，压痕长度大约为 0.1mm。硬度试验对载荷取值大小的依赖性并不明显，硬度值与维氏硬度试验的硬度值基本相当。但是，在相同压力载荷的情况下，维氏硬度试验压头压入材料表面的深度大约是 Knoop 压头压入深度的 2 倍。因此，相同的试验载荷下，维氏试验对于材料表面状态变化的反馈没有 Knoop 试验来得敏感。实际上，较浅的 Knoop 压痕为检查金属材料表面层的硬度大小提供了一种手段。此外，Knoop 压头在诸如玻璃等不容易被维氏棱锥体或球形压头压入的材料中，常常产生令人满意的压痕。在金刚石材料上也可以形成 Knoop 压痕，得到的硬度值大约是 6000kg/mm^2 (Lysaght，1946)。

四、理想塑性材料在楔形压头下的压痕

理想塑性的金属材料在圆锥形或棱锥形压头作用下产生压痕所涉及的理论问题，至今还没有满意的解答。二维模型

的完整解答已经由 Hill、Lee 和 Tupper（1947）完成。显然，二维情况下锥形压头就变成一个楔子，无论其大小，压痕的形状都是几何相似的。因此，不管压痕大小如何，金属材料塑性流动变形的模式不变，压头和压痕间的压应力也保持不变。理想塑性材料出现大范围塑性流动的区域见图 7-6，图中压痕表面压应力为定值 $P=2k(1+\theta)$，其中 HBK 的夹角 θ 按弧度计量。该分析已经考虑了金属材料变形时的塑性位移。试验也表明金属材料理论上的塑性变形模式与实际结果符合得很好。

根据图 7-6 中的几何关系，可以发现角度 θ 与楔形物半角 α 之间存在以下关系：

$$\cos(2\alpha-\theta)=\frac{\cos\theta}{1+\sin\theta}$$

θ 随着楔形顶部半角 α 的变化如图 7-7 所示。曲线Ⅰ代表角度 θ 随着锥顶半角 α 变化的函数曲线（图 7-6）；曲线Ⅱ代表压应力随着半角 α 变化的函数曲线（理论结果见 Hill，Lee 和 Tupper，1947）。

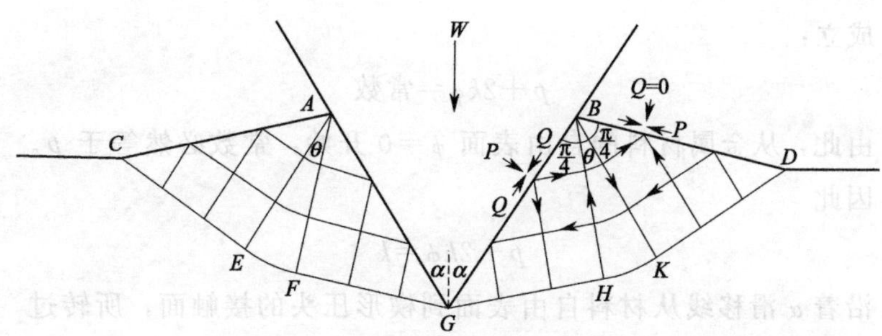

图 7-6　二维楔形物压入屈服强度为 Y 的理想塑性材料时的滑移线图

我们可以跟踪压痕周边金属材料从自由表面到压痕表面

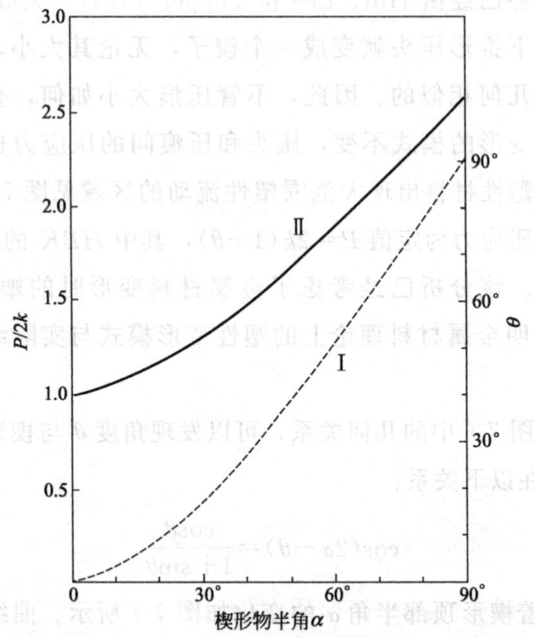

图 7-7　锥顶半角为 α 的二维楔形物压入理想塑性材料时的试验结果

(图 7-6) α 滑移线的形成。在金属材料的自由表面 $Q=0$，因此有 $p=k$。沿着 α 滑移线［第三章公式(3-6)］，以下关系成立：

$$p+2k\phi=\text{常数}$$

由此，从金属材料的自由表面 $\phi=0$ 开始，常数必然等于 p。因此

$$p+2k\phi=k$$

沿着 α 滑移线从材料自由表面到楔形压头的接触面，所转过的角度 $\phi=-\theta$，因此

$$p=k+2k\theta$$

垂直于压头表面的压力为 $P=p+k$，因此有

$$P=2k(1+\theta)$$

沿着压头表面所有点得到的值都相等，因此，如果二者接触面上的摩擦力可以忽略不计，整个压头表面上的压力都是均匀的。P 随着 θ 的变化，同时也是随着 α 变化，如图 7-6 中曲线Ⅱ所示。

如果采用 Huber-Mises 准则，其中 $2k=1.15Y$，可以得到：

$$P=1.15Y(1+\theta)$$

因此当楔形顶部半角 α 为 90°时，它就变成一个二维平冲头问题，其中有

$$P=2k\left(1+\frac{\pi}{2}\right)=2k(2.57)=2.96Y$$

随着角度 α 的减小，P 逐步减小（图 7-6 曲线Ⅱ）。当角度 α 位于 70°到 90°之间时，P 的变化并不大，在这个范围内，屈服压力在 $3Y$ 左右。

如果压头和金属材料压痕表面之间存在明显的摩擦作用，金属材料塑性流动变形的模式就会发生改变。压痕表面的压应力不再是均匀的，而是越靠近楔形顶点处压应力越大，压应力的平均值也有所增加。对于中等数值的 μ，同时压头顶角不太尖锐的情况，摩擦力的影响看上去不是很显著。

五、圆锥和棱锥形压头下的压痕

在第三章已经看到，对于二维平冲头问题，其屈服压应力非常接近于一个圆形平板冲头的试验结果。因此，我们期

望二维楔形问题的解答对三维压头问题同样有效，尤其在锥顶半角不是太小的情况下。这个结论得到了以下试验结果的证实：对于锥顶半角大于60°的圆锥形压头，锥顶半角为68°的正四方棱锥形压头，相对棱锥面间半角分别为86°15′和65°的两组 Knoop 压头，同一金属材料所测得的试验硬度或屈服压应力基本相同。由此，我们期望在所得到的屈服压应力和二维模型计算结果之间存在可量化的一致性是合乎道理的。通过一些简单试验可以证明这个猜想是对的（Tabor，1948）。譬如，采用维氏金刚石棱锥压头在已应力强化过金属材料上的进行硬度测试，结果见表 7-1。

表 7-1 维氏硬度试验结果

金属材料	Y /(kg/mm²)	P /(kg/mm²)	P/Y
应力强化过的铅碲合金	2.1	6.7	3.2
应力强化过的铝材	12.3	39.5	3.2
应力强化过的铜材	27	88	3.3
应力强化过的钢材	70	227	3.2

从试验结果可以看出，屈服压应力 P 的取值与载荷大小无关，即便金属材料屈服压应力的变化范围达到 30 倍之多，P 和 Y 间的比值仍基本为常数，在 3.3 左右。理论研究得到的屈服压应力 P 取值在 $3Y$ 左右。试验得到略高的数值可能是因为摩擦力的作用，或者是因为二维模型对于较尖压头情况的符合度不如平冲头情况那样好。对于锥顶半角较小的圆锥形和棱锥形压头，两者之间的差异会更加明显。试验结果表明，屈服压应力随着圆（棱）锥形压头锥顶半角的减小而逐

渐增加见图 7-1 中实线。但二维分析模型却表明屈服压应力随着锥形压头半角的减小而减小见图 7-7。由此看上去，这个影响不能完全归结于锥形压头和压痕之间的摩擦力。因此，即便当摩擦的影响减小至最低水平，也没有明显迹象表明屈服压应力随着锥顶半角的减小而减小（图 7-1 中点线）。两者之间的差别很大程度上归因于三维情况下塑性流动模式不同于二维的情况。这个分歧对于平压头不是很明显，但对于锥顶半角较小的锥形压头就变得相当重要，会产生相当大的偏差。

采用圆锥和棱锥形压头，我们不需要面对采用球形压头所存在的塑性变形何时开始的问题。如果锥形压头的末端形状较好，它可以看成是一个曲率半径趋于零的球形压头的一部分。因此，一旦当它接触到金属材料表面，即便在很微小的载荷作用下也会产生塑性变形。随着压头压入金属材料，压痕形状就是固定的，并且不管压痕大小如何，塑性流动变形的模式也是固定的。因此，这种情况下屈服压应力并不取决于压痕的大小，即它与外载荷大小无关。

六、应力强化金属材料的压痕

将上述结论应用到在压痕成型过程中会出现应力强化的金属材料上。我们假设金属材料存在一个代表性的屈服强度 Y，其与屈服压应力 P 之间存在 $P=cY$ 的关系，对于维氏试验 c 的取值在 3.3 左右。根据棱锥体的几何关系，这意味着维氏硬度值 $H_v=cY$，其中 c 的取值在 2.9 到 3.0 左右。如果将某一种金属材料的应力-应变曲线与它的维氏硬度在应力强化的不同阶段做比较，研究结果表明，压痕成型所产生的主要变形大致相当于一个8%到10%左右的附加应变。

钢和铜试件的试验结果见表7-2（Tabor，1948）。试验中维氏硬度的测量，是在那些已经发生不同程度变形ϵ_0的金属材料试件上进行的。根据金属材料的应力-应变曲线来确定与应变为（ϵ_0+8）%时变形相对应的屈服应力。这些值被假定为对应于压痕周围材料屈服应力的代表值。如果将它乘以一个大小在2.9到3左右的常数，就与试验观测的维氏硬度相符合。表7-2最后两列表明在一个相当宽的变形范围内，这个关系都是成立的。我们不要期望在整个应力-应变范围内都符合得很好，因为压痕所产生的附加变形并非直接附加到初始变形上。尽管这样，二者之间的符合程度表明总体上符合较好。此外，可以从压痕对应的应变值（8%）和c的取值（2.9到3.0）看到，在一个相当宽的硬度值范围内，维氏硬度很接近布氏硬度试验值。对于非常硬质的金属材料，所观测到的硬度偏差已经在第四章中进行过讨论。

表7-2　应力强化金属材料的试验结果

金属	初始变形 ϵ_0/%	$\epsilon=\epsilon_0+8$ /%	ϵ 对应的 Y /(kg/mm^2)	cY	观测到的维氏硬度 H_v
低碳钢				$2.9Y$	
	0	8	55	159	156
	6	14	62	176	177
	10	18	66	190	187
	13	21	67	194	193
	25	33	73	211	209

续表

金属	初始变形 ϵ_0/%	$\epsilon=\epsilon_0+8$ /%	ϵ 对应的 Y /(kg/mm^2)	cY	观测到的维氏硬度 H_v
				3.0Y	
退火处理过的铜	0	8	15	45	39
	6	14	20	60	58
	12.5	20.5	23.3	70	69
	17.5	25.5	25	75	76
	25	33	26.6	80	81

七、针垫形和圆桶形压痕

从前面的讨论可以看到，压痕的具体形状主要取决于待检测金属材料应力强化的程度。如果金属材料已经经过高度应力强化，以至于压痕成型过程中不再出现明显的应力强化现象，试验材料的表现近似于一个理想塑性材料，金属材料的塑性变形将遵循图 7-6 中二维模型所给出的塑性流动模式。压痕周边出现塑性变形的金属材料会趋向于沿着棱锥压头表面向上移位，但由于金属材料在棱锥面上受到的约束小于棱锥体角部位置，这些位置金属材料塑性变形的抬升会超过角部位置。因此，使用维氏压头时，压痕在棱锥面中心位置处要比角部位置来得宽。实际上，这就形成了一个圆桶形压痕。

另一方面，如果金属材料已经经过退火处理，产生塑性流动变形的金属材料会被压头推出一定距离，正如我们在第四章图 4-1 所看到的。整体压痕区域会下沉，低于其他常规位置的材料表面，这个效应在压痕表面的中心位置要明显高于边缘位置。对应的，这就形成了一个针垫形压痕。

八、维氏硬度和极限抗拉强度

我们可以参照第五章的方式，推导出金属材料维氏硬度和极限抗拉强度之间的关系。如果金属材料真实的应力-应变曲线可以表示成 $Y=b\varepsilon^{x}$，极限抗拉强度 T_{m} 的取值为

$$T_{m}=b(1-x)\left(\frac{x}{1-x}\right)^{x}$$

如果维氏硬度试验中压痕产生约 8%的应变，代表性的屈服应力为 $Y=b(0.08)^{x}$，由此维氏硬度由下式计算：

$$H_{v}=2.9b(0.08)^{x}$$

由此，极限抗拉强度 T_{m} 和维氏硬度 H_{v} 之间的比值为

$$\frac{T_{m}}{H_{v}}=\frac{1-x}{2.9}\left(\frac{12.5x}{1-x}\right)^{x} \tag{7-3}$$

由上式计算所得结果绘制图 7-8。需要注意的是：在确定 T_{m} 和 H_{v} 之间比值时仍然需要用到 Meyer 指数 n（Tabor，1951），其中$n\approx x+2$。

九、Rockwell 和 Monotron 硬度

这里适合顺便讨论一下 Rockwell 硬度试验和 Monotron

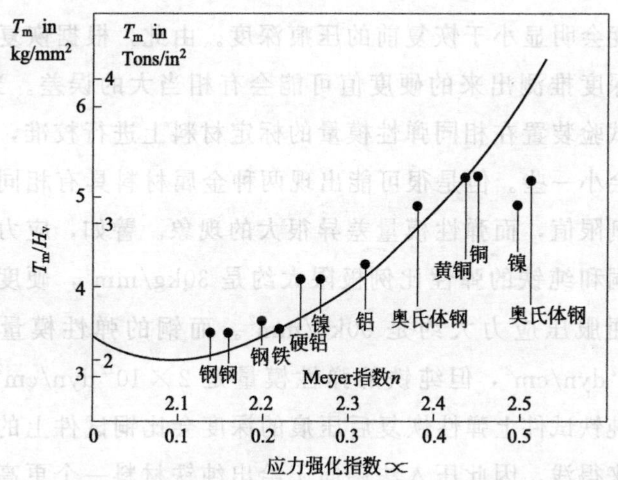

图 7-8　极限抗拉强度T_m与维氏硬度H_v的比值为

Meyer 指数 n 的函数（O'Neill，1934）

硬度试验的做法，两者都是基于对试验材料压痕深度的测量。Rockwell 试验中，首先通过压头在金属表面施加 10kg 的压力载荷，并记录这时的压痕深度作为进一步测量的零点。再施加 90kg 或者 140kg 的载荷而后移除，恢复到最初较小的载荷水平，用一个合适的刻度计直接测量压痕增加的深度。硬度值就用所得到的刻度计读数表示，这个数值可以与维氏硬度值或者布氏硬度值相对照。对于较软的金属材料，要使用球形压头（Rockwell B）；对于较硬的金属材料，使用带半球形头部的圆锥形压头（Rockwell C）。

Rockwell 硬度试验有两个明显的优点。首先，作用并维持较小的载荷在材料表面形成一个初始压痕，在这个基础上测量因载荷增加产生的压痕变化。其次，硬度值根据刻度计直接读出，不需要通过视觉测量压痕尺寸。前面已经看到，当大部分载荷移除后存在比较明显的弹性恢复，恢复后压痕的深度会明显小于恢复前的压痕深度。由此，根据恢复后压痕的深度推测出来的硬度值可能会有相当大的误差。当然，如果试验装置在相同弹性模量的标定材料上进行校准，误差可能会小一些。但是很可能出现两种金属材料具有相同的弹性比例限值，而弹性模量差异很大的现象。譬如，应力强化过的铜和纯铁的弹性比例极限大约是 $30kg/mm^2$，硬度试验真实屈服压应力大约是 $90kg/mm^2$。而铜的弹性模量大约是 $10^{12}dyn/cm^2$，但纯铁的弹性模量是 $2\times10^{12}dyn/cm^2$。因此，纯铁试件上弹性恢复后压痕的深度会比铜试件上的压痕深度来得浅，因此压入法趋向于给出纯铁材料一个更高的硬度值。

在 Monotron 硬度试验（Shore 仪器公司）中，上述缺点可以避免。这其中，需要测量产生一个固定深度的压痕所对应的载荷大小。测量工作是在压头载荷作用的状态下进行的，因此不存在因为金属材料弹性恢复带来的复杂问题。但在载荷作用期间，金属材料内部会出现一定程度的弹性屈服，压痕成型过程中压痕周围会形成一个整体将材料表面（弹性地）拽向金属材料内，我们比较第六章图 6-1(a) 和图 6-1(b) 就可以看到这一点。仔细思考一下可以发现，它和压力载荷移除后压痕变浅所伴随的弹性恢复变形大小基本在一个数量级上，尽管它们变形方向相反。因此对前一段所讨论的铜试件和铁试件，压头压入铜试件一个固定深度所需要的载荷会小于同样压入铁试件的载荷，由此看来铁比铜更硬一些。

根据压痕深度确定的材料硬度的另一个误差来源是堆起

和凹陷的影响，其会因为不同金属材料应力强化程度的不同而不同。如果这些影响可以忽略，同时塑性变形与弹性变形相比较大（这样弹性变形或弹性恢复的误差可以认为是次要的），推导根据深度测量得到的硬度值和直接基于压痕直径测量得到的硬度值之间的关系就相对比较简单。假设个压头是一个直径为 D 的球体，在压痕形成过程中自身变形可以忽略不计。假定在载荷 W 作用下其压入试件材料表面，并产生一个弦长直径 $d=2a$ 的压痕。这样，根据简单的几何关系，压痕深度 t 由$(D-t)t=a^2$ 确定。因 t 与 D 相比常常很小，可以写为：

$$t=\frac{a^2}{D}=\frac{d^2}{4D}$$

现在，压痕上的平均压应力 P（其等同于 Meyer 硬度）由下式给出：

$$P=\frac{4W}{\pi d^2}$$

从而有：

$$t=\frac{W}{P}\times\frac{1}{\pi D} \tag{7-4}$$

因此如果压痕深度保持恒定，就如同 Monotron 试验一样，载荷 W 便与平均压应力 P 成正比。因为布氏硬度只比平均压应力 P 小几个百分数（除较深的压痕外），这意味着 W 应该正比于布氏硬度。事实发现确实是这样。譬如，基于 Monotron 通用的 C-D 刻度得到的试验结果见图 7-9，其中使用球形的金刚石压头。可以看到，对于 Monotron 试验（虚线），关系近似为线性的；对于采用球形（实线）Rockwell “C” 试验，关系为抛物线形的。这些曲线均基于 Shore 仪器公司的数据。点线根据经验公式 $R_c = 124(1 - 12.2/\sqrt{B})$ 绘制，其中 B 为布氏硬度值。实际上 Monotron 硬度大致与布氏硬度成正比。

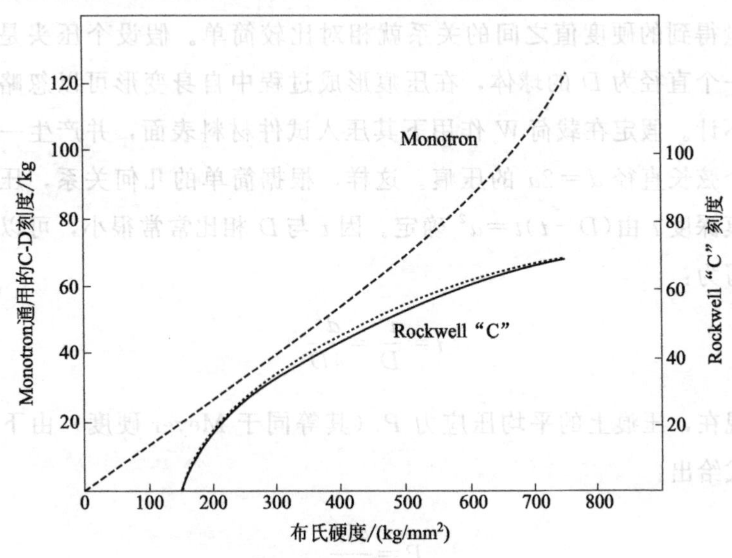

图 7-9　布氏硬度值和基于压入深度测量的硬度值之间的关系

另一方面，如果压头上外载荷保持为常数，就如同 Rockwell 试验一样，公式(7-4) 表明压痕深度与 $1/P$ 成正比，即压痕的深度随着硬度的增加而减小。为提供一个压痕深度随硬度变化的度量，进行 Rockwell 硬度试验时研究人员并不记录压痕的真实深度，而是将 R100 等分然后减去压痕深度。这就提供了一个硬度值的度量，其表明了硬度值随着 R 增加的程度。因此可以得到：

$$R = 常数 - t$$

从而有

$$R=C_1-C_2/P \tag{7-5}$$

其中，C_1 和 C_2 为恰当的常数。在 Rockwell 试验中，当使用球形压头时基本遵循这种形式的关系。但如果硬度试验采用圆锥形压头，会得到不同的关系式。如果 α 为圆锥形压头顶角的半角，压痕深度 $t=a\cot\alpha$。平均压应力同样根据公式 $P=W/(\pi a^2)$ 计算，因此有

$$t=\sqrt{\frac{W}{\pi P}}\cot\alpha \tag{7-6}$$

由此类推，Rockwell 硬度值可以表示成如下关系：

$$R=C_3-C_4/\sqrt{P} \tag{7-7}$$

其中，C_3 和 C_4 也是恰当的常数。反映布氏硬度和 Rockwell "C" 硬度（其中使用端头为球形的圆锥形压头）之间关系的典型结论见图 7-9。

假设平均压应力 P 不会明显不同于布氏硬度，可以看到，R_c-P 基本服从理论关系，其关系曲线大致符合 $R_c=124\times(1-12.2/\sqrt{P})$ 的形式。我们不要期望有更好的符合度了，因为这个关系式还没有考虑材料弹性恢复的影响，堆起和凹陷的影响，布氏硬度和 Meyer 硬度 P 之间的差异，也没有考虑因为压头末端为球形、本身并不是一个真正的圆锥体。更为精确的关系式已经由材料制造商根据经验数据得到，最近 Holm（1949）给出一个更为详细的处理压痕弹性恢复影响的方法。尽管这样，图 7-9 中给出的曲线（基于 Shore 仪器公司所提供的数据）表明，上面的研究和问题讨论，对于根据压痕深度确定金属材料硬度值的方法中所包含的力学原理给出

了一个简单明了的描述。

十、硬度的含义：维氏和布氏硬度试验

从本章和前面几章给出的分析可以清楚地看到，采用压痕方式进行硬度测量得到的硬度值，大致是被检测金属材料弹性限值或屈服强度的一个度量。对于常用的、各种形式的压头，当金属材料表面出现相当明显的塑性变形时，压头和金属材料间的屈服压应力大约是金属有效屈服强度的3倍。尽管当压头移除后，压痕会出现一定程度的弹性恢复，压痕尺寸上的变化主要出现在深度方向而非投影面积。由此，弹性恢复后压痕所确定的屈服压应力或者硬度值，非常接近于压痕形成过程中所得到的压应力。压应力或硬度值主要取决于金属材料的塑性性能，其次才是材料的弹性特性。如果硬度测量时基于压痕的深度来确定，弹性恢复会对所计算的屈服压应力产生相当大的影响，可能还会出现堆起或凹陷现象。采用这样的方法计算得到的屈服压应力，会明显不同于压痕实际形成过程中的压应力。

采用棱锥或圆锥形压头，其压痕是几何相似的，不管其大小如何，压头下方金属材料产生塑性流动时的平均压应力基本与压痕大小无关。因此，在相当宽的载荷范围内，其硬度测量结果基本不变。在实践中这一点很方便，这意味着采用这种方法进行硬度测量时不需要规定载荷大小。但是，这种测试方法也让我们失去了对金属材料应力强化程度进行估测的机会。

另一方面，采用球形压头时压痕的形状会随着压痕大小不同而变化，因此金属材料的应力强化程度大小，即弹性比例极限会随着压痕的增大而增大。对应的结果是，屈服压应力常常会随着压力载荷的增加而增加。基于这个原因，布氏硬度测量中有必要指定压力载荷和压头直径大小。但是，屈服压应力随着压痕的增大而增加可以提供与金属材料相关的有用信息。首先是关于试验材料的弹性比例限值或屈服强度的信息，其次是关于屈服强度随着变形量增加而增加的方式。正因为如此，尽管采用球形压头的硬度测量要比使用棱锥或圆锥压头更加麻烦，但它们可以提供更多的信息。实际上，采用球形压头进行硬度测量以及相关的 Meyer 分析，可以帮助我们判断所检测金属材料应力强化的程度，并由此推断其应力-应变特性。

参考文献

BISHOP, R. F., HILL, R. and MOTT, N. F. (1945), *Proc. Phys. Soc.* (London) 57, 147.

HANKINS, G. A. (1925), *Proc. Instn. Mech. Engrs.* **1**, 611.

HILL, R., LEE, E. H., and TUPPER, S. J. (1947), *Proc. Roy. Soc.* A188, 273.

HOLM, E., HOLM, R., and SHOBERT (II), E. I. (1949), *J. App. phys.* 20, 319.

KNOOP, F., PETERS, C. G., and EMERSON, W. B. (1939), *Nat. Bureau. of Standards*, **23 (1)**, 39.

LEA, F. C. (1936), *Hardness of Metals*, Charles Griffin & Co., *London*.

LUDWIK, P. (1908), *Die Kegelprobe*, J. Springer, *Berlin*.

LYSAGHT, V. E. (1946), *Amer. Soc. Test. Mat. Bulletin No.* **138**, 39-44.

ROCKWELL，S. R. (1922)，*Trans. Amer. Soc. for Steel Treating*，**2**，1013.

SMITH，R.，SANDLAND，G. (1922)，*Proc. Instn. Mech. Engrs.* **1**，623.

TABOR，D. (1948)，*Proc. Roy. Soc.* A **192**，247. *Engineering* (1948)，**165**，289.

——(1951)，*J. Inst. of. Metals.*

WILLIAMS，S. R. (1942)，*Hardness and Hardness Measurements*，Amer. Soc. Met.

第八章
动态或回弹硬度

一、撞击产生的压痕

与静态硬度概念类似，金属材料的动态硬度可以定义为金属材料对一个压头快速撞击产生局部压痕的抵抗能力。在大多数试验中，均采用压头在重力作用下自由落体至金属试件表面的方法。撞击后压头回弹到一定高度，同时在金属材料表面留下一个压痕。1895年，Martel的研究表明在相当宽的试验范围内，撞击形成的压痕体积与压头的动能成正比。这些研究成果已经得到了Vincent（1900）等研究人员的验证。这意味着金属材料本身对运动的压头提供了一个形式为平均压应力的抗力，其大小等于下面的比值：

$$\frac{\text{压头的动能}}{\text{压痕的体积}}$$

譬如，我们假设压头是球形或者圆锥形的，同时撞击过程中存在一个恒定的动态压应力 P 抵抗压痕。某一时刻如果压痕的投影面积是 A，金属材料作用在压头上的抗力载荷就是 PA。如果在下一时刻，压头进一步压入深度为 $\mathrm{d}x$，所做的功将是 $PA\mathrm{d}x$。在压痕形成过程中，所积累的做功就等于：

$$\int PA\,\mathrm{d}x = P\int A\,\mathrm{d}x = PV$$

其中，V 就是压痕的体积。根据Martel的研究，积累的做功可以取与冲击功相等，即

$$P = \frac{\text{冲击能}}{V}$$

它具有压应力的量纲，有时也将其视为金属材料的动态

硬度。后续的研究者已经详细研究了这个关系式的有效性。特别值得一提的是，有研究者提出计算金属材料动态硬度时，压头回弹的动能应当考虑在内。实际上，在压头回弹后，压痕形成过程中所消耗的能量就等于冲击能减去回弹的动能。这个数值等于平均压应力 P 和材料表面所留下压痕体积 V 的乘积。在早先动态硬度的研究中，常常会出现来自于实际现状的困惑，即撞击过程中形成的压痕和回弹后所留下的压痕之间看起来没有严格的区别。读者从下文可以看到，当压头回弹时，材料表面压痕的体积会有相当大的变化（因为弹性变形恢复的影响），这个变化以及压头回弹的能量在计算材料的动态硬度时必须考虑在内。

Shore（1918）和 Roudie（1930）分别采用了不同的动态硬度试验方法。在他们的试验中，回弹高度本身被用来作为金属材料动态硬度的一种度量。研究发现，如果下落高度是恒定的，压头的回弹高度大致正比于所试验材料的静态硬度。下面我们将分析回弹试验中所涉及的各个过程，并提出一种可以解释动态硬度测量过程中所观测到的诸多经验公式的简单理论。

二、撞击的四个主要阶段

假设一个硬质的球形压头从高处自由落体，落到一个较软金属材料的水平面上（类似于一个巨大的砧板）。压头撞击金属表面并产生回弹，在材料表面形成一个压痕。撞击过程可以分为四个主要阶段。起初，压头撞击并接触的区域产生弹性变形，如果撞击力量足够弱，材料表面会弹性恢复，撞击分开后没有残余变形。这种情况下撞击是纯弹性的，撞击的时间、平均压应力和弹性变形可以根据 Hertz 弹性撞击公式确定。如果撞击作用使得接触区域平均压应力超过 1.1Y，其中 Y 为金属材料的屈服应力或者弹性比例极限，便形成撞击的第二阶段。这个阶段材料表面会出现轻度的塑性变形，撞击不再是完全弹性的。后面会看到，这种塑性变形的产生只需要很小的撞击能量。当撞击能量继续增大，撞击区的变形会迅速跨过全塑性的阶段（第三阶段），塑性变形会一直持续，直至压头的整个动能被消耗掉。最终，当压头反弹回去时，压头和压痕中的弹性应力被释放出来（第四阶段）。

对撞击过程中所包含的四个阶段进行完整分析是极其复杂和困难的。Andrews（1930）进行过尝试，他主要关注撞击时间，目的就是计算撞击过程中各个阶段所用的时间，但其处理问题的方法完全是近似的，并不是精确解。如果只考虑撞击过程中的载荷而非撞击时间，我们可以将问题大大简化（Tabor，1948）。

三、平均动态屈服压应力 P

假设撞击过程中存在一个动态的屈服压应力 P，其一阶近似是一个常数，该常数不一定等同于产生塑性变形的静态压应力。这个假设意味着撞击过程中只要接触区域平均压应力达到 P 就会出现塑性变形，同时在出现塑性流动的过程中，压应力维持这个数值不变。撞击完成后，如果留下的永久压

痕体积为 V_r，形成这个压痕所做的塑性变形功用屈服压应力 P 来表示就是：

$$W_3 = PV_r \tag{8-1}$$

显然，应变能 W_3 就是撞击能 W_1 和回弹变形能 W_2 之差，那么剩下的工作就是计算 W_3 和压痕体积 V_r。

假设一个半径为 r_1、质量为 m 的球形压头，从高度 h_1 的位置自由下落到平坦的金属试件表面。撞击后压头回弹高度为 h_2，在金属材料表面留下一个弦长直径 $d=2a$ 的永久压痕（图 8-1）。我们假设在动态压痕所涉及的机理与静态条件下压痕的形成机理基本相同。也就是说，当塑性变形已经完成时，压头和压痕都存在一个弹性应力释放的阶段。其次，假设这些弹性应力释放所涉及的能量等于压头回弹的能量。

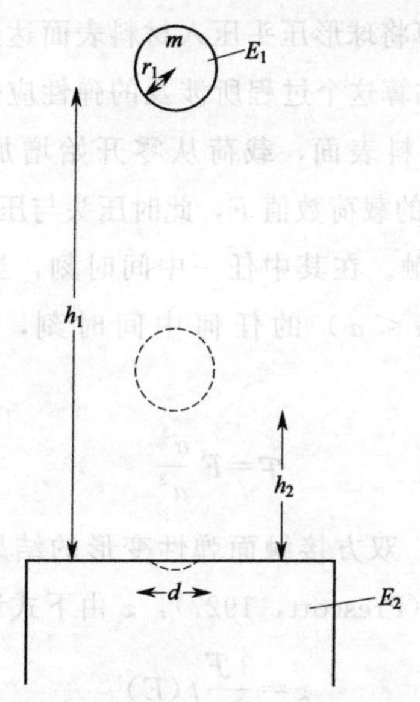

图 8-1　撞击试验

最后，我们假设压头和金属材料的弹性模量与静态条件下的取值基本一样。

现在讨论撞击完成后在金属材料表面留下的压痕。因为压痕中的弹性应力已经被释放，其曲率半径不是 r_1，而是会稍大一些，譬如说 r_2。如果我们对压头施加一个持续时间很短、大小适宜的载荷 F，它会使得压痕（以及压头本身）产生弹性变形。根据 Hertz 公式，压头将会在整个直径 d 上与压痕完全接触，此处

$$d=2a=\left[\frac{6Fr_1r_2}{r_2-r_1}f(E)\right]^{1/3} \tag{8-2}$$

式中，$f(E)=(1-\sigma_1^2)/E_1+(1-\sigma_2^2)/E_2$。这里 E_1 和 E_2 分别是压头和金属材料的弹性模量，σ_1 和 σ_2 为各自的泊松比。

我们通过计算将球形压头压入材料表面达到预定压痕时外力所做的功，来估算这个过程所涉及的弹性应变能。随着压头逐渐压入金属材料表面，载荷从零开始增加，直至达到公式(8-2) 中所给出的载荷数值 F，此时压头与压痕在直径 $d=2a$ 的范围内完全接触。在其中任一中间时刻，当接触区域的直径为 2α（其中 $\alpha<a$）的任何中间时刻，压头上的压力载荷$\mathcal{F}$为：

$$\mathcal{F}=F\frac{\alpha^3}{a^3} \tag{8-3}$$

在这个阶段，双方接触面弹性变形的结果是压头的中心区域下沉距离 z（Prescott，1927），z 由下式计算

$$z=\frac{3\mathcal{F}}{4\alpha}f(E) \tag{8-4}$$

其中，$f(E)$ 的含义与公式(8-2) 中相同。将公式(8-4) 代入公式

(8-3)，可以得到：

$$z=\frac{3F\alpha^2}{4a^3}f(E) \tag{8-4a}$$

这样，在压痕从 $\alpha=0$ 增加到 $\alpha=a$ 的过程中，$\mathcal{F}\,\mathrm{d}z$ 的积分就是储存在材料表面上的总弹性应变能 K。于是有

$$K=\int\mathcal{F}\,\mathrm{d}z=\int_0^a\frac{3}{2}\frac{F^2}{a^6}f(E)\alpha^4\mathrm{d}\alpha$$

$$=\frac{3}{10}\frac{F^2}{a}f(E) \tag{8-5}$$

上述过程与材料表面压痕弹性恢复、压头从压痕内弹出所发生的情况完全相反。因为整个过程是完全弹性的，这个过程中的弹性应变能 K 等于压头弹性回弹的应变能。因此有

$$W_2=mgh_2=\frac{3}{10}\frac{F^2}{a}f(E) \tag{8-6}$$

残留在金属材料表面永久压痕的体积 V_r 可以近似写成 $V_r=\pi a^4/(4r_2)$，由此

$$W_3=W_1-W_2=PV_r=P\frac{\pi a^4}{4r_2} \tag{8-7}$$

根据公式(8-2)，我们可以用 r_1 和 F 来表示 r_2

$$\frac{1}{r_2}=\frac{1}{r_1}-\frac{3}{4}\frac{F}{a^3}f(E)$$

由此

$$W_3=P\frac{\pi a^4}{4r_1}-\frac{3}{16}\frac{F^2}{a}f(E) \tag{8-8}$$

当材料表面压痕最终成型，对应的载荷 F 等于 $P\pi a^2$。公式(8-8)的第一项就是 PV_a，其中 V_a 为最终压痕的表观体积。如果把金属材料表面的压痕视为具有与球形压头一样的曲率

半径，这一项很容易计算。与公式(8-6) 比较，第二项可以看成为$\frac{5}{8}W_2$，由此

$$W_3 = PV_a - \frac{5}{8}W_2 \tag{8-9}$$

因此有

$$P = \frac{mg\left(h_1 - \frac{3}{8}h_2\right)}{V_a} \tag{8-10}$$

上述分析的有效性取决于如下假定的合理性，实际撞击过程中所产生的内力（抗力）与上述分析模型中所采用的内力基本相同。特别要注意的是，分析中我们假设撞击在压头中形成弹性波，同时金属试件吸收的应变能可以忽略不计。我们还假设撞击过程中压痕周围材料温度的升高很小，并对金属材料的强度性能几乎没有影响。

如果撞击后球形压头的回弹幅度不大（以致 h_2 很小），上述分析结果与 Martel 所提出的方程 $P = mgh_1/V_a$ 差异不大，与后续研究者所建议的方程 $P = mg(h_1 - h_2)/V_a$ 也相差无几。

四、屈服压应力 P 值变化的影响

在上面的推导中，我们假设动态屈服压应力 P 在整个撞击过程中是一个常数。但有两个原因，可能会使屈服压应力 P 在撞击过程中发生变化。第一个是撞击过程中伴随着金属材料运动变形所产生的动态效应。这相当于在变形初始阶段

增加 P 的大小，也就是变形速度达到最大的时刻，但很难将这个动态效应的影响量化。第二个原因就是在压痕形成过程中，产生变形的金属材料会出现应力强化，对应的结果是撞击过程中屈服压应力 P 增加，如同在静态硬度测量中所观测到的一样，这在第二章中有介绍。通过与静态压痕试验进行类比，我们可以对这个影响的大小做出估算：

$$P=kd^{n-2}$$

其中，n 的取值在 2 和 2.5 之间。使体积为 V_r 的金属材料产生塑性变形所需要做的功 W_3 为

$$W_3=\frac{4}{n+2}PV_r \tag{8-11}$$

其中，P 是压痕产生塑性变形末了金属材料的平均压应力，这也是在回弹计算过程中所牵涉的压应力。将 W_3 的值代入相应的方程，可以得到压痕成型末了金属材料的平均压应力：

$$P=\frac{n+2}{4}\frac{mg\left[h_1-\frac{2n-1}{2(n+2)}h_2\right]}{V_a} \tag{8-12}$$

当 n 从 2 变化到 2.5，括号内的最后一项从 $\frac{3}{8}h_2$ 变化到 $\frac{4}{9}h_2$，因此这一项趋于给出较小的 P 值。另一方面，当 n 从 2 变化到 2.5，大括号的前面一项从 1 增加到 1.12。整体影响就是 P 的取值略大于公式(8-10) 所给出的结果，但差别不会超过 10%。

五、公式（8-6）和公式（8-10）的适用范围

根据压痕成型末了存在 $F=\pi a^2P$ 的关系，公式(8-6) 可

以重写为：

$$h_2=\frac{3}{10}\frac{\pi^2 a^3 P^2}{mg}\left(\frac{1-\sigma_1^2}{E_1}+\frac{1-\sigma_2^2}{E_2}\right) \tag{8-13}$$

假设压头和试验金属材料两者泊松比均取 0.3，就有

$$h_2=\frac{2.7a^3 P^2}{mg}\left(\frac{1}{E_1}+\frac{1}{E_2}\right) \tag{8-14}$$

因为金属材料表面压痕的表观体积 V_a 正比于 a^4，这意味着对于指定的金属材料，h_2 正比于 $V_a^{3/4}$。在对数坐标系中绘制 h_2 和 V_a 曲线，如果屈服压应力 P 是常数，我们会得到一组斜率为 3/4 的直线。一些摘自 Edwards 和 Austin 论文（1923）的试验结果见图 8-2，可以看到每种金属材料的试验点位于一条斜率与理论值很接近的直线上。h_2 和 V_a 之间大致就是这样的关系。如果屈服压应力 P 不是常数，而是按照公式(8-11) $P^5=\frac{h_2^4}{\left(h_1-\frac{3}{8}h_2\right)^3}\frac{mg}{r_1^3}\frac{10^4}{\pi^5 4^3 3^4}\left[\frac{1}{f(E)}\right]^4$ 的方式变化，我们会发现，h_2 和 V_a 的对数图仍然是一条直线，但斜率的值变为 $(3+2n-4)/4$。也就是说，当 n 在 2～2.5 之间变化时，斜率值在 3/4～1 之间变化。从图 8-2 中可以看到，实际上每种金属材料的数据点均位于一条直线上，直线的斜率处于 0.7 到 0.85 之间。

同样，对于一组压痕直径相同的回弹硬度试验，h_2 应当正比于 $P^2\left(\frac{1}{E_1}+\frac{1}{E_2}\right)$。因此，如果在对数坐标系上绘制 h_2-$P\sqrt{\left(\frac{1}{E_1}+\frac{1}{E_2}\right)}$，就得到一个斜率为 1/2 的直线。Edwards 和

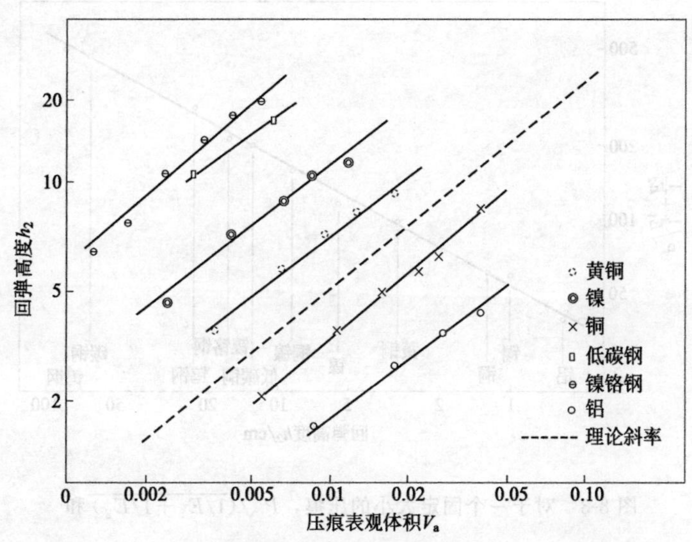

图 8-2　一个球形压头撞击不同金属材料，回弹高度h_2 和压痕表观体积V_a 之间的关系图

Austin 论文的试验结果见图 8-3，图中试验点位于一条斜率为 0.51 的直线上，直线的理论斜率为 0.5，屈服压应力 P 的取值根据公式(8-10) 计算，两者同样符合得很好。在这种情况下，动态屈服压应力 P 对压痕大小的依赖关系并不会显著影响上述线性关系。

最后，从公式(8-13) 和公式(8-10) 中消去 a，可以得到 h_1、h_2 和 P 之间的关系式：

$$P^5=\frac{h_2^4}{\left(h_1-\frac{3}{8}h_2\right)^3}\frac{mg}{r_1^3}\frac{10^4}{\pi^5 4^3 3^4}\left[\frac{1}{f(E)}\right]^4 \tag{8-15}$$

如果用公式(8-12) 代替公式(8-10)，可以得到一个类似的关系式。假设 σ_1 和 σ_2 取 0.3，公式(8-15) 变为：

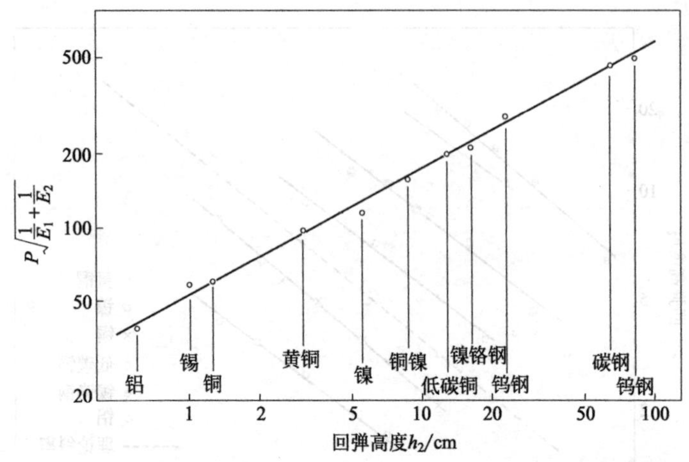

图 8-3　对于一个固定大小的压痕，$P\sqrt{(1/E_1+1/E_2)}$ 和回弹高度 h_2 之间的关系图

$$P^5=\frac{h_2^4}{\left(h_1-\frac{3}{8}h_2\right)^3}\frac{mg}{109r_1^3}\frac{1}{(1/E_1+1/E_2)^4} \qquad (8\text{-}15a)$$

对大多数金属材料而言，因为括号内涉及弹性模量的项次基本不变，我们可以把这部分系数看成一个常数，并针对一个给定的下落高度 h_1，将动态屈服压应力 P 绘制为回弹高度 h_2 的函数。根据理论推导得到的 P-h_2 曲线见图 8-4。如果考虑较软的金属材料常常具有较小的弹性模量，P-h_2 曲线就会按照类似于图 8-4 中虚线的方式变化。图中实线代表所有金属材料弹性模量都相同的情况，虚线代表较硬金属弹性模量大于较软金属弹性模量的情况。上述分析中假设屈服压应力 P 为常数。如果金属材料因为应力强化，动态屈服压应力 P 会适度增大，可以通过公式(8-1) 和公式(8-13) 来近似加以考虑，但最终 P-h_2 曲线不会与图 8-4 中的曲线有太多的差异。压头的撞击

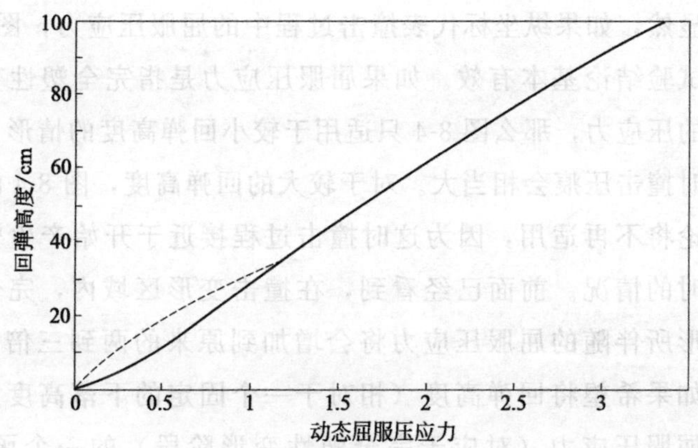

图 8-4　对压头自由下落高度固定为 100cm，动态屈服压应力 P（或硬度）作为回弹高度 h_2 的函数

速度对屈服压应力 P 的影响也是一个很难考虑的因素，但无论如何，图 8-4 的结果已经对撞击过程中金属材料表面的屈服压应力给出了一个相当可靠的数值。

有一点很清楚，即便金属材料不出现应力强化且撞击速度对 P 没有影响，图 8-4 给出的动态屈服压应力 P 也不会是金属材料的一个简单的单值函数。它取决于压头撞击所形成的压痕大小，其对应于金属材料从开始出现塑性变形到完全塑性变形转变的过程。因此，如果是一次很轻微的撞击，撞击变形可能是完全弹性的，对应的动态压应力 P 将是较重撞击（其中会产生相当大的塑性变形）所产生动态压应力的 1.1/2.8≈1/2.5 倍。这已经被 Davies（1949）的撞击试验证实了。一个直径为 1cm 的钢球从高处自由下落至一个工具钢材料的表面，下落高度为 1cm 时金属材料开始出现塑性变形，对应的屈服压应力 P 大约是 160kg/mm^2。当撞击形成一个较大压痕时，屈服压应力 P 会达到 360kg/mm^2 左右。

显然，如果纵坐标代表撞击过程中的屈服压应力，图 8-4 中的试验结论基本有效。如果屈服压应力是指完全塑性变形对应的压应力，那么图 8-4 只适用于较小回弹高度的情形，否则这时撞击压痕会相当大。对于较大的回弹高度，图 8-4 的试验结论将不再适用，因为这时撞击过程接近于开始产生塑性变形时的情况。前面已经看到，在撞击变形区域内，完全塑性变形所伴随的屈服压应力将会增加到原来的两到三倍。因此，如果希望将回弹高度（相对于一个固定的下落高度）绘制为屈服压应力（对应于完全塑性变形阶段）的一个函数，函数曲线的较低部分会与图 8-4 类似，而较高部分将会向右偏移。这将引入一个更加明显的 S 形曲线特性。上面这些讨论是与肖氏回弹硬度计的校准做法相关联的。

六、肖氏回弹硬度计

在肖氏回弹硬度计中，一个支承在垂直玻璃管中的较小压头，从 25cm 左右的高度自由落下撞击待测试的金属试件表面，观测回弹高度。下落高度被等分成 140 份，硬质钢试件给出的回弹高度为 90～100 份。压头的末端可能是一个具有球形端部的金刚石，或者是一个直径为 3mm 左右的硬质钢球。该仪器典型的读数结果见图 8-5（Shore，1918），结果表明压头回弹高度（在固定下落高度的情况）是金属材料静态硬度的函数。该函数曲线与图 8-4 中的理论曲线相类似。可以看到，试验结果有相当大的离散性。尽管这样，回弹硬度计在确定大批量工程零件的硬度方面很有用处，因为回弹试验可以在工程现场原位进行。

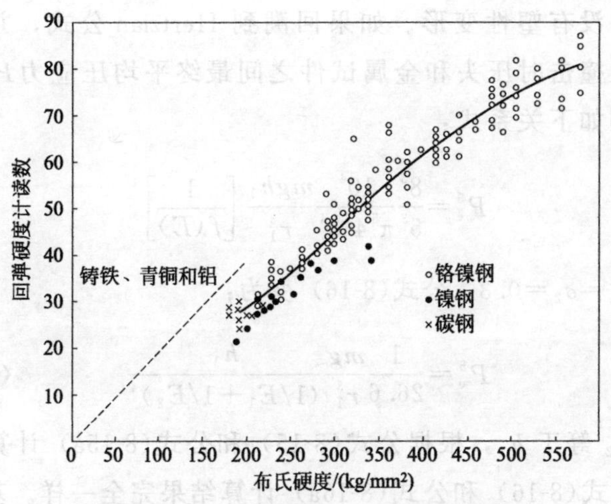

图 8-5　肖氏回弹硬度计典型的读数曲线

对于大多数金属材料，当撞击速度对应于自由下落高度 25cm 时，动态屈服压应力与静态屈服压应力之间没有太明显的差异。由此，我们有理由期望图 8-5 中的刻度曲线与图 8-4 中的理论曲线相互符合。但布氏硬度测量值是在金属材料出现相当明显塑性变形的情况下得到的，而对于较硬的金属材料，回弹计会产生比较小的压痕。因此，图 8-4 中的试验数据应当根据上面讨论的原则进行修正，并且硬质金属材料会给出更为明显的 S 形曲线。调整后的结果在图 8-5 中给出，可以看到，回弹计给出的通用刻度曲线与理论曲线符合得很好。

七、弹性撞击的条件

当压头回弹高度等于自由下落高度时会怎么样？这种情况下，撞击和回弹过程变成完全弹性的，受撞击的金属试件中没有塑性变形。如果回溯到 Hertzian 公式，并计算纯弹性撞击时压头和金属试件之间最终平均压应力P_e，可以得到如下关系式：

$$P_e^5=\frac{8^3}{5^3}\frac{10^4}{\pi^5 4^3 3^4}\frac{mgh_1}{r_1^3}\left[\frac{1}{f(E)}\right]^4 \tag{8-16}$$

若取$\sigma_1=\sigma_2=0.3$，公式(8-16) 变为：

$$P_e^5=\frac{1}{26.6}\frac{mg}{r_1^3}\frac{h_1}{(1/E_1+1/E_2)^4} \tag{8-16a}$$

若取h_2等于h_1，根据公式(8-15) 和公式(8-15a) 计算的P值与公式(8-16) 和公式(8-16a) 计算结果完全一样。基于这个结果，可以得到如下两个结论：第一，即便回弹比率达到100%公式(8-15) 仍然有效，根据公式(8-16) 得到的压应力是最终压头和金属试件之间的平均压应力；第二，如果金属试件的屈服压应力高于公式(8-16) 给出的P_e值，试件就不会产生塑性变形，反之，如果屈服压应力小于P_e，金属试件就会产生塑性变形，由公式(8-15) 得到的P值就是试件材料的动态屈服压应力。这个方法已经被 Davies (1949) 用来研究金属材料在运动条件下的初始塑性屈服问题 (Taylor，1946)。类似的方法已经被 Tagg (1947) 用于研究蓝宝石珠宝内钢枢轴在撞击情况下的变形问题。做一些必要的计算，并将静力情况下塑性屈服条件与撞击情况下的屈服条件做比较，这对我们很有启发性。

假设静态和动态硬度试验中所采用的压头都是直径为 1cm 的钢球 (质量为 4g)。根据第四章的理论，可以计算出开始产生塑性变形所需要的静力载荷 ($P=1.1Y$)，计算结果见表 8-1 第 4 列。现在还可以计算出撞击试验中金属试件开始产生塑性变形钢球所需要的下落高度。我们可以使用公式(8-16a) 所给出的P_e值，并再次假设塑性屈服开始于$P_e=1.1Y$。尽管实际情况并不一定这样，但这是一个很好的近似，计算结果见表 8-1 第 5 列。

表 8-1　静态和动态条件下开始产生塑性变形所需要的条件 (球体直径为 1cm)

金属	近似布氏硬度/(kg/mm²)	静态屈服应力 Y/(kg/mm²)	开始产生塑性变形所需的静力载荷/g	开始产生塑性变形所需的下落高度/cm
碲-铅	6	2.1	2	0.5×10^{-6}
软铜	55	20	62	3.2×10^{-4}
应力强化过的铜	90	31	230	2.8×10^{-3}
应力强化过的低碳钢	190	65	1200	1.5×10^{-2}
合金钢	350	130	9500	0.5

从表 8-1 中可以看出，很轻微的撞击载荷就会使金属试件表面产生塑性变形。因此，即便是硬质合金钢，静态载荷只需要 9500g，而下落高度不足 1cm 的撞击载荷就足以产生塑性变形。我们要注意的是，钢球的质量仅 4g。塑性变形对撞击如此敏感的原因在于撞击时间非常短，即便是很轻微的撞击所产生的冲击力也会非常高。

与此同时，可以很明显看到采用回弹法确定金属材料动态硬度的方法，无法辨别屈服强度超过P_e的金属材料，因为它们的回弹高度都是100％。为增加这种方法的应用范围，试验条件需要做适当修正，以使公式(8-16) 给出更高的P_e值。这可以通过逐步增加压头的质量或自由下落高度来实现。譬如，将上述二者任意一个增大 32 倍，就可以使屈服压应力P_e值增加一倍。另一种更有效的方法就是减小压头末端的曲率半径。曲率半径 r 减小 3.2 倍，就可以使P_e 值增加一倍。在设计撞击硬度试验设备时，这些研究结论很有价值。

八、恢复系数

如果压头自由下落并以速度v_1 撞击金属试件表面，并以大小为 v_2 的速度回弹，那么恢复系数 e 就定义为：

$$e=\frac{v_2}{v_1}$$

由 $v_1^2=2gh_1$ 和 $v_2^2=2gh_2$，可以根据公式(8-10) 计算出 e。假设撞击过程屈服压应力 P 基本为常数，公式(8-10) 给出：

$$v_2=k\left(v_1^2-\frac{3}{8}v_2^2\right)^{3/8} \tag{8-17}$$

从公式(8-17) 可以看到，v_2 和 v_1 之间并非线性变化的关系，比值 $e=v_2/v_1$ 也不会是一个常数。随着撞击速度 v_1 的不同，e 的变化方式如图 8-6 所示，其中实线代表理论曲线，虚线代表铸钢和冷拔黄铜的试验曲线；曲线ⅰ、ⅱ、ⅲ、ⅳ和ⅴ分别对应于 $e=1$、0.8、0.6、0.4 和 0.2，撞击速度为 450cm/s 时（这个速度大致对应的自由下落高度为 100cm）的情形。屈服压应力 P 不是常数，因此实际曲线会与图示曲线有一些偏差。尽管这样，这些曲线的常见形式已经完全得到了试验验证。类似的曲线已经由 Raman（1918），Okubo（1922）和 Andrews（1930）通过类似材料的金属球撞击试验得到了。尽管在这种情况下，两个金属球在撞击区域都会出现塑性变形，v_1 和 v_2 之间的关系和公式(8-17) 中两者的关系类似。

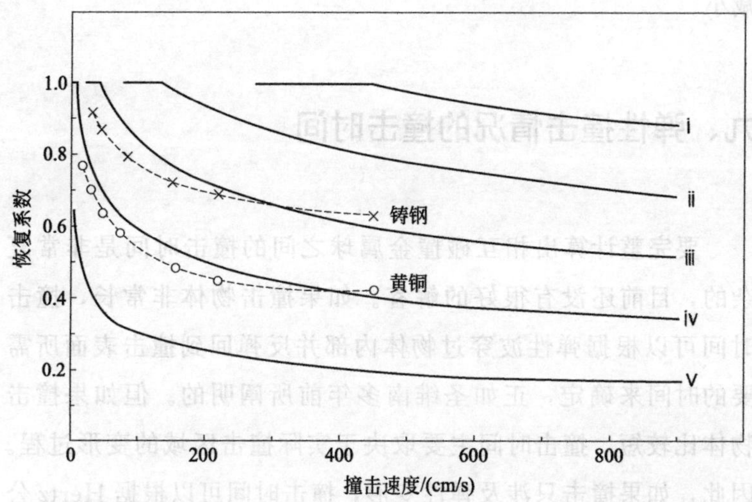

图 8-6　不同硬度的金属材料，恢复系数随着撞击速度的变化关系

如果我们使用公式(8-12) 而非公式(8-10) 来推导 v_1 和 v_2 之间的关系，可以得到

$$v_2=k(v_1^2-\beta v_2^2)^\beta \tag{8-17a}$$

其中，$\beta=(2n-1)/(2n+4)$。这个方程给出的关系曲线与公式(8-17) 给出的曲线很类似，但它们在接近坐标原点处更加陡峭，在远离原点的位置更加平缓。

从上述方程及试验结果曲线可以看到，对于会出现塑性变形的金属材料，受撞击后的恢复系数通常都不是一个常数。在撞击速度非常小的情况下，撞击形成的压应力并不足以产生塑性变形。撞击过程会是完全弹性的，恢复系数就是 1（除了较小的弹性滞后损失）。即便对于最软的金属材料，只要撞击速度足够小就会出现这种情况，Andrew（1931）进行的铅和锡合金材料试验证明了这一点。随着撞击速度的增加，受撞击金属材料塑性变形的范围会逐步增加，恢复系数会相应减小。

九、弹性撞击情况的撞击时间

要完整计算出相互碰撞金属球之间的撞击时间是非常复杂的，目前还没有很好的解答。如果撞击物体非常长，撞击时间可以根据弹性波穿过物体内部并反弹回到撞击表面所需要的时间来确定，正如圣维南多年前所阐明的。但如果撞击物体比较短，撞击时间主要取决于实际撞击区域的变形过程。因此，如果撞击只涉及弹性变形，撞击时间可以根据 Hertz 公式准确计算。如果撞击过程中金属球侵入物体表面的最大距离是 z_0，撞击的速度是 v，那么根据弹性方程（Hertz，1881）可以计算出总的撞击时间：

$$t_e = 2.94\frac{z_0}{v}$$

令 $\alpha = a$，z_0 值可以根据公式(8-4a) 计算。因此有

$$z_0 = \frac{3}{4}\frac{F}{a}f(E) = \frac{3\pi Pa}{4}f(E) \tag{8-18}$$

借助公式(8-6) 和公式(8-16) 消去 P 和 a，就可以得到 z_0 并由此确定t_e。假设

$$\sigma_1 = \sigma_2 = 0.3$$

可以得到

$$t_e=\frac{2.74m^{2/5}}{v^{1/5}r^{1/5}}\left(\frac{1}{E_1}+\frac{1}{E_2}\right)^{2/5} \tag{8-19}$$

从这个方程可以看到，撞击速度越小，撞击时间越长，但随着撞击速度变化的速率很缓慢。如果感兴趣，我们可以做一个典型撞击时间的算例。假设金属压头是一个半径 $r=0.5\text{cm}$、质量 $m=4\text{g}$ 的球体，其从高处自由落下撞击一个屈服强度为 130kg/mm^2 的铝合金物体。从表 8-1 可以看到，压头从 0.5cm 高的位置落下仍然属于弹性撞击。从这个高度落下（$v=31\text{cm/s}$），撞击所持续的时间可以根据公式(8-19）计算，得到撞击时间大约为 $5\times10^{-5}\text{s}$。如果我们将撞击看成是一个动量的瞬时变化，那么撞击过程的平均作用力F_m 为

$$F_m t_e=2mv$$

因此，平均撞击力 F_m 大约是 5kg。实际上，撞击冲力是从 0 升高至 9.5kg，从上面看到，这样大小的一个静力载荷将会导致金属材料出现塑性屈服。这些计算表明弹性撞击过程中产生较高的局部压应力主要缘于撞击持续的时间很短。正是这个原因，撞击很容易使金属材料产生塑性变形。

十、塑性撞击情况的撞击时间

现在考虑更为常见的情况，即撞击过程中应力超过金属材料的弹性比例极限，并出现塑性流动变形。如上所述，这个过程主要包括四个阶段，不太可能准确计算撞击过程中每个阶段所经历的时间。Andrew（1930）提出了一种近似的分析方法。由于我们主要关注撞击时间的量级，可以作一个粗

略的初始假定，从而导出一个非常简单的解答。

首先假设撞击压头是一个半径为 r，质量为 m 的球体，并且是完全刚性的。其次，我们考虑撞击过程中的变形主要是塑性的，弹性应变可以忽略。另外，假设屈服压应力 P 平均值是一个常数。

在任一时刻，当球体压头已经贯入材料一个大小为 x 的距离，对应的压痕半径为 a，考虑一阶近似有 $2rx=a^2$。作用在球体压头上的减速阻力为 $P\pi a^2$ 或 $P\pi 2rx$，由此运动方程变为：

$$P\pi 2rx=-m\frac{\mathrm{d}^2x}{\mathrm{d}t^2}$$

或

$$\frac{\mathrm{d}^2x}{\mathrm{d}t^2}+\frac{2\pi rP}{m}x=0$$

方程的解为 $x=A\sin\sqrt{\left(\frac{m}{2\pi Pr}\right)}t$。当 $\mathrm{d}x/\mathrm{d}t=0$ 时，球体趋于静止，即

$$t=\frac{\pi}{2}\sqrt{\frac{m}{2\pi Pr}} \tag{8-20}$$

Andrew（1930）导出一个类似的方程。可以看到，撞击的时间与撞击速度无关。对一个直径为 1cm 的硬质钢球（$m=4\mathrm{g}$），在不同金属材料上的撞击时间见表 8-2。

从表 8-2 中可以看出撞击时间是 10^{-5}s 量级的，因此对于一个直径在 1cm 左右的金属压头，其塑性撞击所经历的时间与弹性撞击基本是同一个量级的。比较公式(8-19）和公式(8-20）可以看到，这种时间 t 数值上的相似性是很普遍的，但当撞击速度很小时，弹性撞击情况下的撞击时间会明显超过塑性撞击情况下的时间。

表 8-2　硬质球体的撞击时间

金属	$P/(kg/mm^2)$	t/s
碲-铅	6	7×10^{-5}
软铜	55	3×10^{-5}
应力强化铜	90	2×10^{-5}
应力强化低碳钢	190	1.3×10^{-5}

十一、撞击时间的电子测量法

1939 年所进行的一些简单试验验证了公式(8-20) 的有效性，并显示撞击过程中非常容易产生塑性流动变形（Bowden 和 Tabor，1941)。这些试验观测了相同直径悬挂圆球之间的撞击以及撞击过程中阴极射线示波器上所记录的圆球之间电导率。电导率是金属球体之间真实接触面积的一种度量。

直径为 2cm 球体撞击试验的典型试验结果如图 8-7 所示。其中一个球体是静止的，另一个球体以一定的速度（由摆锤的幅度所决定）撞击它。图 8-7(a) 是 Hirst 博士采用非常硬质的钢球和较低撞击速度所得到的试验结果（10cm/s)。从图中可以看到电导率曲线是对称的，这表明撞击过程基本是弹性的。弹性方程表明撞击时间应该是 10^{-3}s 量级的，这非常接近于观测值。更高的撞击速度试验结果如图 8-7(b) 和 (c) 所示，电导率的轨迹很明显是不对称的。

图 8-7(b) 是以速度 76cm/s 撞击低碳钢钢球的试验结果，图 8-7(c) 是以同样速度撞击铅球的试验结果，(b) 和 (c) 中不对称的电导率曲线表明金属球已经产生塑性变形。金属

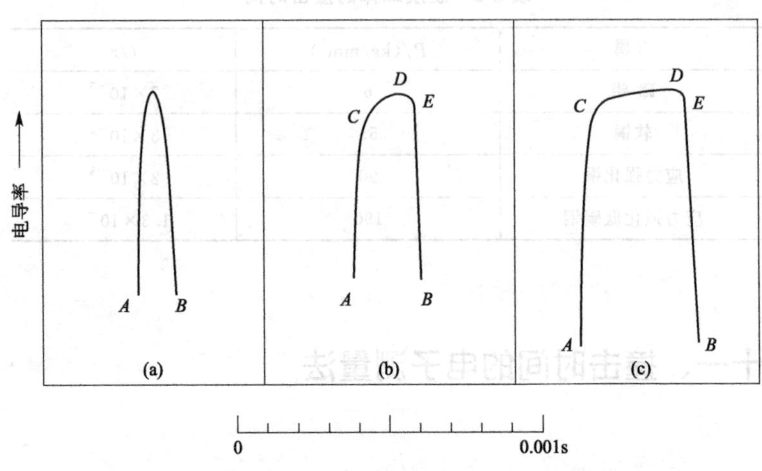

图 8-7　相互撞击金属球之间的电导率曲线

球从 A 点开始接触，曲线 AC 对应于金属球弹性变形阶段和开始塑性变形的阶段。曲线 CD 对应于塑性变形完全成型的阶段，而 DEB 代表弹性应力完全释放后球体接触面相互分离。点 D 无法很明确地确定，因此从 A 到 D 的阶段无法按照误差只有几个百分比的精度准确估算。然而，这个误差与不同试验曲线之间的差异相比并不重要。如果我们假设从 A 到 D 段的撞击曲线对应于一个基本是塑性变形的过程，就可以通过一个类似于推导公式(8-20）的方法来计算这个时段大小。

我们现在不立刻给出相应的计算结果，而是更关注这个撞击问题中的重要细节。一个静止的金属球与一个大小相同、运动速度为 V 的球体沿着中心线进行撞击，等价于它们以大小均为 $V/2$、方向相反的速度进行撞击（要完全等价，必须同时在两个金属球上施加一个恒定的 $V/2$ 速度）。在这个等价的撞击问题中，球体减速过程中相互接触的平面可以视作一个静定的平面。同前面一样，我们考虑一个以塑性变形为主的撞击过程。在某一时刻，当各个球体形成一个深度为 x、弦长直径为 a 的受撞头部，一阶近似为 $2rx=a^2$，其中 r 为金属球的直径。每个球体上的减速力就等于 $P\pi a^2$ 或 $P\pi 2rx$。因为，球体减速需要经过一个距离 x，每个球体的运动方程就变为：

$$P\pi 2rx=-m\frac{\mathrm{d}^2x}{\mathrm{d}t^2}$$

当 $\mathrm{d}x/\mathrm{d}t=0$ 时两个球体均静止下来，也就是说球体达到它们中心距离最近的点。与前面一样［公式(8-20)］，这需要经历一个时间段：

$$t_{AD}=\frac{\pi}{2}\sqrt{\frac{m}{2\pi Pr}} \tag{8-20a}$$

如果球体是没有弹性恢复能力的材料，撞击过程就在这个时段内全部结束。但如果材料本身具备一定的弹性性能，两个金属球将会在一个更长的时间段内保持接触，然后它们随着自身弹性应力的释放就相互分开。

上述分析中最大的缺陷是假设金属球在撞击过程中，减速所经历的距离就等于受撞击头部压缩变形的深度。通常，除了撞击接触区的压缩变形，球体本身在运动过程中还存在整体弹性受压变形。Andrew（1930）建议按照下面的方法加以考虑。如果球体受撞击部分是弹性的（没有塑性变形），根据 Hertzian 公式，球体总的弹性受压变形就等于头部压缩变形本身（Prescott，1927）。因此，如果每个球体受撞击后头部的弹性变形大小为 x，球体本身减速经历一个大小为 $2x$ 的距离。假设球体减速的抗力仍根据塑性方程计算，则运动方程变为：

$$P\pi a^2 = P\pi 2rx = -m\frac{d^2(2x)}{dt^2}$$

经过如下时间后金属球就静止下来：

$$t_{AD} = \frac{\pi}{2}\sqrt{\frac{m}{\pi P r}} \tag{8-21}$$

这是 Andrew（1930）给出的计算公式。可以看到，t_{AD} 的大小是公式(8-20a) 所给数值的$\sqrt{2}$倍。这个公式推导并不完全符合实际，因为只有当撞击变形本身是完全弹性时，钢球的弹性受压变形才等于受撞击头部的压缩变形。这种情况下，金属球受到的撞击载荷无法用塑性屈服压应力 P 表示。撞击过程中塑性变形越彻底，钢球整体弹性受压变形与接触区塑性受压变形相比就越小，撞击时间就越接近公式(8-20a) 给出的数值。通常，我们更关注撞击时间的量级而非其绝对值大小，所以可以使用一个介于公式(8-20a) 和公式(8-21) 之间的中间数值，譬如：

$$t_{AD} = 1.3\sqrt{\frac{m}{\pi P r}} \tag{8-22}$$

将上式应用到图 8-7(b) 和 (c) 所对应的试验中，我们可以计算出t_{AD}，并根据公式(8-10) 确定屈服压应力 P 的大小。计算结果见表 8-3，从表中可以看出它与试验观测结果符合得很好。

表 8-3　塑性碰撞所经历的时长

撞击类型	从 A 点到 D 点的撞击时间/μs	
	计算值	观测值
钢球与钢球	100	150
铅球与铅球	400	600

大量的金属球撞击试验表明电导率曲线通常是反对称的，这代表撞击过程中金属材料已经产生塑性流动变形。试验还表明在球体表面存在液体薄膜的情况下，塑性流动变形可以通过液体薄膜产生，尽管金属球之间没有任何接触（Rabinowicz，1950；Tabor，1949）。这主要是因为液体薄膜中产生的动态液压应力可以很容易超过金属材料的屈服压应力（Eirich 和 Tabor，1948）。而金属球之间的撞击时间非常短，液体薄膜没有足够的时间从球体表面之间挤压出去。

十二、静态和动态硬度的比较

将金属材料的静态硬度与不同撞击速度下的动态硬度做比较。譬如，我们可以设计一些在不同金属材质大型试件上进行的撞击试验，采用硬质钢球作为压头（Tabor，1948）。通过测量h_1、h_2 和撞击后所产生压痕的弦长直径 d，利用公式(8-10) 可以计算金属材料的动态屈服压应力P_d。与此同时，我们也做了一些静态测量试验，确定产生与撞击试验相同大小压痕所需要的静态屈服压应力P_s。试验结果表明以下两点。首先，动态屈服压应力P_d 总是大于静态屈服压应力P_s，如果我们使用公式(8-12) 而非公式(8-10) 计算P_d，影响会更加明显。对于较软的金属材料，譬如铅和铟，动态屈服压应力P_d 和静态屈服压应力P_s之间的差异尤其明显。其次，压头撞击速度越大，动态屈服压应力P_d 就越高。这表明在根据公式(8-10) 或公式(8-12) 计算动态屈服压应力时，即根据金属材料产生一定体积的压痕所需要的动能来计算P_d

时，有一部分能量就消耗在压痕周围金属材料的黏塑性流动变形上。这个结论可以通过回弹高度 h_2 计算出屈服压应力来加以验证。我们可以应用公式(8-14)来计算，它可以写成以下形式：

$$P_r^2=\frac{mgh_2}{2.7a^3}\left(\frac{1}{1/E_1+1/E_2}\right) \tag{8-23}$$

其中，P 的下标 r 表示它是根据回弹高度来计算的。

钢球直径为 0.5cm，自由下落高度为 300cm 时的计算结果见表 8-4。从表中可以看出，尽管压应力 P_r 要大于 P_s，但它非常接近于静态压应力 P_s 而非动态压应力 P_d。

表 8-4　不同金属材料 P_d/P_s、P_r/P_s 的值

金属材料	P_d/P_s	P_r/P_s
钢	1.28	1.09
铜	1.32	1.10
铝合金	1.36	1.10
铅	1.58	1.11
铟	5.0	1.6

十三、动态硬度的含义

金属材料的动态硬度，就是其抵抗一个快速运动的压头产生局部压痕所对应的压应力。在撞击速度不大的试验条件下，动态屈服压应力与静态屈服压应力基本相同。这样，如同静态硬度一样，动态硬度也是金属材料屈服应力或弹性比例极限的一种度量。动态屈服压应力的真实值，不仅取决于材料表面压痕的大小（如同布氏硬度试验一样），还取决于撞击速度以及动态屈服压应力的计算方式。如果动态屈服压应力（P_d）是根据金属材料产生一定体积压痕所需要的应变能来计算，它就会大于静态屈服压应力（P_s），并会随着撞击速度的增加而增大。对于较软的金属如铅和铟，这种情况尤其明显。从实际情况来看，较软金属材料在撞击变形中有相当大体积的材料出现塑性位移，这就需要更大的压应力载荷，使得压痕周围的金属产生黏塑性流动变形。

如果动态硬度是根据球形压头回弹高度来计算，那么压痕周围金属材料黏塑性流动变形的影响会在很大程度上被消除。在撞击过程的末了，金属材料所有的塑性变形都已经结束，压痕周围不会出现大体积的金属材料进一步位移或变形。此时，压头周围所有的变形基本都是弹性的，任何传递给压痕的动能都是可逆的。因此，撞击过程中这个阶段所涉及的压应力（P_r），只会比静态硬度试验条件下相同大小压痕所对应的压应力高出几个百分比。

这个结论也表明，较大的P_d值并不是因为金属材料在压痕成型过程中快速形成应力强化造成的。在整个撞击过程末了，材料应力强化会达到最大值，有效屈服压应力P_r要比撞击过程中所涉及的平均动态屈服压应力P_d小很多。这也证实了，在确定动态屈服压应力P_d时，会涉及力的准黏滞特性。

因此，根据测量回弹高度所得到的动态硬度值与静态试验的硬度值很接近。由应变能与压痕体积之比所确定的硬度值也与静态试验的硬度值基本相当，但不可避免会高一些。对于硬质的金属材料，两者差异大约是几个百分比，但对于较软的金属材料，两者差异会很明显，并随着撞击速度的增加而增加。最近 Geoffrey Taylor（1946）对极端高速变形下材料硬度或屈服压应力的增加进行了研究。

最后，大家要注意这个研究工作的重要意义，如同在确定金属材料静态硬度时一样。本章所介绍的试验表明，即便很轻微的撞击，也足以使金属材料表面产生塑性变形。因此，如果在静态硬度试验中，当载荷施加时存在振动或撞击，压痕都要大于它原本应形成的压痕大小，所推断的静态硬度就会低于真实值。这也表明，要获得满意的静态硬度测量结果，载荷必须很缓慢、平顺地施加。

参考文献

Andrews，J. P. (1930)，*Phil. Mag.* **9** (7th series)，593.

——(1931)，*Proc. Phys. Soc.* **43**，8.

Bowden，F. P.，and Tabor，D. (1941)，*Engineer*，**172**，380.

Davies，R. M. (1949)，*Proc. Roy. Soc.* **A 197**，416.

Edwards，C. A.，and Austin，C. R. (1923)，*J. Iron & Steel Inst.* **107**，324.

Eirich，F. W.，and Tabor，D. (1948)，*Proc. Camb. Phil. Soc.* **44**，566.

Hertz，H. (1881)，*J. reine angew. Math.* **92**，156；see also *Miscellaneous Papers* (1896)，London.

Martel，R. (1895)，*Commission des Méthodes d' Essai des Matériaux de Construction*，Paris，**3**，261.

Okubo，J. (1922)，*Sci. Rep. Tôhoku Univ.* **11**，445.

Prescott，J. (1927)，*Applied Elasticity*，Longmans，London.

Rabinowicz，E. (1950)，Ph. D. Dissertation，Cambridge.

Raman，C. V. (1918)，*Phys. Review*，**12**，442；(1920)，ibid. **15**，277.

Roudié，P. (1930)，*Le Contrôle de la Dureté des Métaux dans l' Industrie*，Dunod，Paris.

Shore，A. F. (1918)，*J. Iron & Steel Inst.* **2**，59.

de St.-Venant，B. (1867)，*J. de Math.*，Liouville，Paris. Series **2**，Vol. **12**.

See also A. E. H. Love (1934)，*Treatises on the Mathematical Theory of Elasticity*，

Article **284**, Cambridge.

TABOR, D. (1948), *Proc. Roy. Soc. A* **192**, 247; (1948), *Engineering*, **165**, 289.

—— (1949), ibid. **167**, 145.

TAGG, G. F. (1947), *J. Sci. Instr.* **24**, 244.

TAYLOR, G. I. (1946), *J. Instn. Civil Engrs.* **26**, 486 (James Forrest Lecture).

VINCENT, J. H. (1900), *Proc. Camb. Phil. Soc.* **10**, 332.

第九章
固体金属材料之间的接触面积

一、半球形凸起

本章讨论一个工程中经常遇到、表现形式各异的实际问题。当两个金属材料相互接触、挤压在一起时，它们之间真实的接触面积有多大？不管怎样精心打磨，金属材料表面都覆盖了很多与原子相比尺寸很大的“山峰”和“山谷”。因此当固体材料表面相互接触时，都是支承在这些接触面凸起的末端上。因此，这个问题就演变成了讨论金属材料相互接触、表面凸起如何变形的问题。

先假设其中一个固体材料的硬度大于另一个，同时硬度更大的那个固体材料表面凸起的末端都是半球形的。如果这样一个微小凸起压在另一个硬度较小、表面平坦的凸起物上，就可以直接使用第四章的研究成果。毫无疑问，这些凸起的初始变形都是弹性的，但对于半径在 10^{-4}cm 量级的凸起而言，很微小的压力载荷就会使其产生塑性变形。

实际上，即便是最硬质的钢材，在几个毫克的压力载荷下材料表面也会产生塑性变形。因此，常规载荷状态下，金属材料表面每个凸起物都会产生塑性变形，工作形态类似于一个微型的布氏压头。对于一个已经过完全应力强化的金属材料，每个凸起末端的屈服压应力 P 都是常数，大小为 $P \approx 3Y$，其中 Y 为金属材料的弹性极限。因此，如果材料表面凸起末端接触面积为 A_i，所支承的载荷为 W_i，则

$$A_i = W_i / P \tag{9-1}$$

固体材料之间总的接触面积就是所有表面凸起的接触面积

之和

$$A = \sum A_i = \sum \frac{W_i}{P} = \frac{W}{P} \tag{9-2}$$

式中，W 为总的压力载荷。因此，两个金属材料之间实际接触面积与外载荷成正比，与较软金属材料的硬度值成反比，与材料之间的表观接触面积毫无关系。当然，如果所有材料表面凸起尚未达到完全塑性，P 的取值将小于 $3Y$，但公式(9-2）的表达形式基本不变。

如果其中较软的金属材料是经过完全退火处理的，或者只是出现部分应力强化，则 A 和 W 之间的关系会有一些变化。从第五章可以看到，外载荷 W_i 和直径为 D_i 的球形压头所产生的压痕 d_i 之间存在如下关系：

$$W_i = k\,\frac{d_i^n}{D_i^{n-2}}$$

由此，第 i 个凸起物的接触面积由以下关系式给出：

$$A_i = k' W_i^{2/n} D_i^{[2(n-2)]/n} \tag{9-3}$$

如果 $n=2$，就如同已经经过应力强化的金属材料那样，公式(9-3）就简化为公式(9-1)。当 n 取其他值，A_i 的大小取决于 D_i 和 W_i。

假设金属材料表面的凸起具有相同的尺寸和形状，它们平均分担外载荷，因此总的接触面积为：

$$A_i = \sum A_i = \sum k'' W_i^{2/n} = k'' N W_i^{2/n}$$

$$= k'' N^{(n-2)/n} (N W_i)^{2/n} = k'' N^{(n-2)/n} W^{2/n} \tag{9-3a}$$

式中，W 为总的外载荷；N 为相互接触的凸起点数量。如果 N 为常数，则上述关系就变为：

$$A = c W^{2/n} \tag{9-4}$$

由此对于经过完全退火处理的金属材料，n 的上限值大约是 2.5，上述关系就变为 $A=cW^{4/5}$。如果 N 随着载荷（W）的增加而增加，接触面积 A 的取值也会随之增加。

从上面可以看到，对于经过完全退火处理的金属材料，实际接触面积 A 与外载荷之间并非是完全的正比关系，而是与压痕成型过程中的应力强化程度相关。如果金属材料已经经过部分应力强化（实际情况经常是这样），应力强化的过程常常没有那么快。譬如，对于压延黄铜或者低碳钢材料，n 的取值大约是 2.15。这种情况下，真实接触面积 A 与 $W^{0.93}$ 成正比。随着载荷 W 的增加，材料之间凸起接触数量 N 相应增加，使得真实接触面积 A 接近于与 W 成正比关系。

如果是较软材质的半球形凸起被压入一个更硬质的、平坦的金属材料表面，上述问题的处理方法类似。同样，上述凸起初始的弹性变形只限于很微小的初始载荷阶段。在很微小的压力载荷作用下，材料表面凸起完全进入塑性状态。凸起顶端的塑性变形与下面所说的屈服压应力相关——对于经过完全应力强化的材料，它是一个常数，大小为 $P\approx 3Y$。因此，对于已经过完全应力强化的金属材料，每个凸起末端的实际接触面积 A 与其所承受的载荷 W 大小成正比。如果金属材料已经退火处理过，上述关系就变成 $A=cW^{2/n}$ 类型的关系，但即便是经过完全退火的材料，这个指数也不会小于 0.8。当材料表面半球形凸起相互压入时，类似的关系也成立。对已经经过应力强化的金属材料，实际接触面积 A 与外载荷 W 成正比；但对经过退火处理的金属材料，接触面积 A 随着外载荷 W 增加的幅度就缓慢很多（O’ Neill，1934）。

二、圆锥形和棱锥形凸起

下面讨论接触面是圆锥形或棱锥形凸起的情况。假设现在是更硬质金属材料的凸起被压入另一个较软金属材料的表面。我们可以应用第七章的研究结果。硬质金属材料的凸起末端可以看作是一个曲率半径很小的球体的一部分（球形压头），即便载荷很微小，压头在较软金属材料表面所产生的压应力也会超过弹性比例极限，塑性变形随之发生。

对未经过应力强化的金属材料，屈服压应力 P 按公式 $P=cY$ 确定，其中 c 对于给定形式的锥形压头是一个常数，但会随着圆锥顶角角度变化。在第七章已经看到压头越尖，c 的值越大。一个钢制圆锥体压入另一个已经过应力强化处理铜质试件的结果如图 9-1 中实线所示。图 9-1 中实线代表一个硬质锥形凸起压入平坦金属表面的变形情况，虚线代表一个较软材质锥形凸起受硬质金属平坦表面挤压的变形情况。从图中可以看出，当圆锥形压头顶部半角 α 在 60°到 90°之间变化时，c 的取值从 3.6 减小至 2.9。因此，对于具有较大圆锥半角的压头，P 和 Y 之间的比例常数不会随着角度迅速变化，取值在 3.0 左右。

如果棱锥或圆锥凸起的材质较软，并受到另一个更为硬质金属材料的平坦表面所挤压，解决问题的方法类似。这里，屈服压应力会随着半角 α 的增加而减小，因为半角为 0°时等效于一个圆柱体，其屈服压应力 $P=Y$。当 α 从 90°减小到 0°时，P 的取值会从 2.9Y 减小到 Y。图 9-1 中给出了已经出现

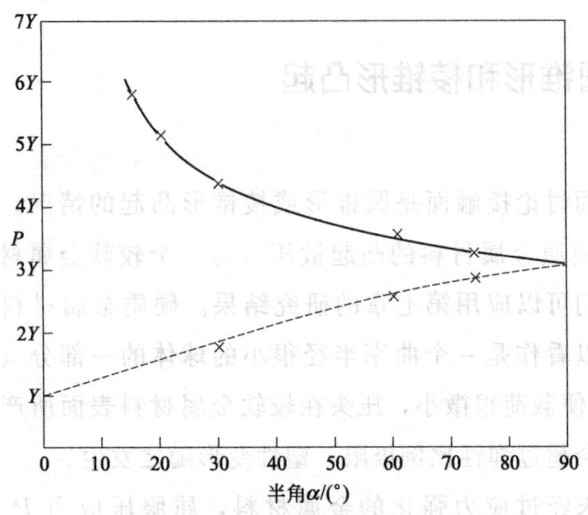

图 9-1 屈服压应力 P 是锥形凸起半角 α 的函数

应力强化铜质圆锥体的典型试验结果（图中虚线），也验证了这个结论。可以看到，当压头锥顶半角 α 从60°增加到90°时，P 和 Y 之间的比例常数不会随着锥顶半角角度迅速变化，平均值大约是2.7。显然，对于钝角即锥顶半角较大的凸起物，硬质锥头压入一个较软金属材料时的屈服压应力或者一个较软压头被较硬金属平面压平时的屈服压应力在3Y左右。

如果出现塑性变形的金属材料会发生应力强化，则应力强化的程度主要取决于锥形压头的形状。通常，锐角锥形压头的强化程度要高于钝角锥形压头。但不管其尺寸大小，锥形压头所产生的压痕变形是几何相似的。对于给定顶角锥形压头，不管金属材料的强化程度如何，其屈服压应力 P 基本为常数。对于较大半角的锥形压头，P 值仍然近似取3Y，其中 Y（被测量的）是产生压痕变形金属材料的弹性比例极限代表值。实际上，金属材料表面上大多数凸起都是大半角的，因此它们可以被看成是圆锥形的。譬如，即便是图 4-12 所介绍的人造粗糙表面，其凸起半角也大约为 60°（需要注意的是，该图中竖向尺度是水平向尺度的 10 倍）。

三、真实接触面积

归纳起来，当金属材料相互接触、挤压时，材料表面凸起的末端逐步产生塑性变形，平均屈服压应力由公式 $P=cY$ 确定，Y 是凸起末端产生变形的金属材料弹性比例极限的某个代表值。系数 c 取决于材料表面不规则的形状和尺度。但对于大多数圆锥和棱锥形凸起物和半球形凸起物，在相当大的顶角范围内，c 的取值基本是 3。因此，金属材料表面不规则凸起的屈服应力大约等于 $3Y$。

对于圆锥形和棱锥形凸起物，屈服压应力与凸起的变形大小无关，因此两种材料之间实际接触面积与载荷 W 成正比。当金属材料是经过高度应力强化过的，这样的结论也适用于半球形凸起物。对于经过退火处理的金属材料，材料之间的接触面积随载荷增加得比较缓慢，但差异很小。此外，凸起本身在材料表面处理的诸多过程中也常常会经历应力强化。因此，我们可以预测在大多数实际条件下，无论材料表面不规则凸起的形状和大小如何，实际接触面积 A 将与作用载荷 W 成正比。同时，它反比于材料表面凸起物的平均屈服应力 P 或者有效硬度。材料之间实际接触面积 A 与接触面的实际尺寸没有关系。因此，上述关系可以写成：

$$A=W/P \tag{9-5}$$

四、真实和表观接触面积

如果材料表面几何形状使得它们只在一个很小的区域内相互接触，同时表面变形与表面不规则物的尺寸相比很大，这时实际接触面积可能与表面接触面积或者几何接触面积相当。在布氏和维氏压痕试验中会出现这种理想情况。但即便是这样，变形过程中材料表面的不规则凸起仍然存在，真实接触面积与外观接触面积仍然存在相当大的差异。因此，在图 4-12 所引用的例子中，当一个硬质的、抛光过的圆柱形压头压入一个精细开槽过的铜质试件上，实际接触面积大约是可目测压痕所形成面积的一半。

当金属材料之间以平整表面（或曲率相反的球体表面）相互接触时，这个差异会更加明显。表观接触面积是表面面积本身，而真实接触面积是相互接触、并支承外载荷的所有凸起物的面积之和。譬如，假设表面积为 $20cm^2$ 的钢板相互接触，表观接触面积就是 $20cm^2$，它与载荷无关。实际上，钢板是由其表面上不规则的凸起所支承，这些凸起会被压扁直至它们的横截面面积大到能够支承载荷。当外载荷为 1000kg 时，对于钢材，假设其屈服压应力强度是 $100kg/mm^2$，那么产生塑性流动变形的表面凸起面积会与外载荷的大小成正比，就等于 $10mm^2$。因此，当材料表面在 1000kg 载荷作用下相互接触时，实际接触面积将会是外观面积的 1/200。对于 2kg 的载荷，真实接触面积将是外观面积的 1/100000。材料表面凸起物的塑性流动变形提供了支承载荷的真实接触面积。凸起物所承受的压应力由其下方金属材料通过弹性变形来承担。

五、卸载的影响

到现在为止，我们已经研究了外载荷作用下材料表面的工作情形。现在讨论外载荷移除以后的情况。很显然，在弹性变形的范围内，变形过程是可逆的，外载荷移除后材料表面会恢复到它们最初的位形。

如果我们想研究一个球形凸起物压入另一个较软金属材料表面时的工作特性，可以应用第六章的研究结果。在外载荷作用阶段材料表面会产生塑性流动变形，当外载荷开始减小，根据弹性方程，两种材料表面之间会分离，接触面积 A 按照 $W^{2/3}$ 的规律变化。对于不会产生应力强化的金属材料，当载荷先增加然后减小，单个凸起接触面积 A 随载荷 W 的变化情况如图 9-2 所示，不管是加载还是卸载，接触面积 A 都是载荷 W 的函数。一旦达到全塑性（M），接触面积与载荷成正比（实线 MNN'）。随着载荷减小，接触面积由弹性方程确定，A 与$W^{2/3}$ 成正比（间断线 NQO）。在 OL 范围内，变形是弹性的，A 与 $W^{2/3}$ 成正比。从 L 点开始材料表面出现塑性变形。我们在第四章已经看到，在这个阶段对一个硬质的钢材，材料表面曲率半径为 10^{-4} cm 的凸起产生塑性变形的载荷会小于 10^{-3} g。在 M 点钢材表面达到完全塑性，屈服压应力基本为常数，接触面积 A 随载荷 W 呈线性变化的关系（直线 MN）。如果在 N 点将载荷移除，材料表面按照弹性路径恢复，接触面积 A 随着 $W^{2/3}$ 变化。只要载荷不超过 W_N，曲线

NQO 就是可逆的。当载荷超过 W_N，钢材表面会进一步产生塑性变形，接触面积 A 沿着直线 NN' 增加。

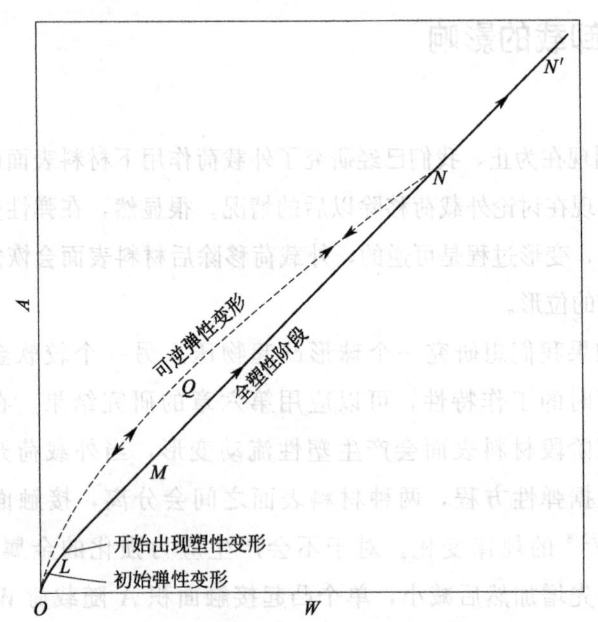

图 9-2　一个硬质球体压入平坦材料表面（或者球体受硬质平坦表面挤压）时的变形情况

类似的分析也适用于材料表面其他形状的凸起物。随着载荷逐步减小，材料内部的弹性应力被释放出来，根据弹性变形法则，接触面之间会相互脱开。因此，载荷减小后材料之间的接触面积会不同于当载荷开始作用时的接触面积。

这些关于载荷卸载影响的描述只适用于材料接触面之间没有明显黏着力的情况。对于在真空中、彻底隔绝空气的金属材料，当载荷第一次作用时（Holm，1946；Bowden 和 Young，1949），材料表面真实接触点之间会形成很强的结合键（金属键），较软的、有延性的、表面腐蚀不是很严重的金属材料也会有相同的情况，譬如空气中的铅或者铟。这种情况下，一旦载荷开始卸载，弹性应力会释放，但所形成的结合键不一定会被打断。此时随着载荷减小，材料之间的接触面积不会有很明显的减小（McFarlane 和 Tabor，1950）。譬如，当接触面通过压力焊接在一起就会发生这种情况。当载荷初始作用时，接触面积基本相同。但对于更硬质的金属材料或表面出现腐蚀的金属材料，根据弹性方程随着载荷逐步减小，结合键看上去基本断开了，接触面积也随之减小。

六、接触面积的测量

通过测量金属材料之间的电阻（Holm，1946；Bowden 和 Tabor，1939），可以直接测量材料表面间的接触面积。如果材料表面没有明显的腐蚀，表面之间的电阻只取决于金属的电导率和接触区域的大小。假设金属材料在一个半径为 a 的圆形区域内相互接触，电流从一个金属材料传导到另一个金属材料。电流的传导只限制在所接触的区域，这样就形成一个传导电阻，其大小为：

$$R=\frac{1}{4a\lambda_1}+\frac{1}{4a\lambda_2} \tag{9-6}$$

其中，λ_1 和 λ_2 分别是两种金属材料的电导率。为了获得可靠的 R 值，就需要采取恰当的预防措施。一个简便的方法就是使金属材料表面受到轻微振动（Meyer，1898）。当荷载较大时，这种做法不是很有效，但材料表面之间一个轻微的相对运动会带来同样的效果。这个过程极有可能破坏了接触区的腐蚀薄膜层。通过这种方式可以得到满意的、可重复试验的R值，由此可以计算出a值。

如果两个金属材料的几何形状使得接触面是一个圆形，并且局限在一个特定区域，那么接触面积就近似等于几何接触面积。这通常出现在当一个球形压头压入另一个光滑、平坦的材料表面时，或者中心轴相互垂直的两个圆柱面相互挤压在一起时。在这种情况下，可以用三种方式来估算实际接触面积：根据所测量的R值计算；对材料表面残留下来的永久压痕进行测量；假设$A=W/P$，根据屈服压应力P计算。银和钢相互接触时，材料表面之间一些典型的测试数据见表9-1（Bowden和Tabor，1939）。

表9-1 银和钢相互接触表面间的典型测试数据

金属表面	载荷/kg	R/Ω	接触面积A/cm^2		
			根据R	目测	根据P
相互垂直的圆柱体(银)	0.5	100×10^{-6}	0.0002	—	0.0002
	5.0	30×10^{-6}	0.002	—	0.002
	50.0	9×10^{-6}	0.018	0.019	0.02
	500.0	1.9×10^{-6}	0.15	0.19	0.2
相互垂直的圆柱体(钢)	1	1.0×10^{-3}	0.00012	—	0.0001
	5	4.9×10^{-4}	0.00061	—	0.0005
	50	1.6×10^{-4}	0.0045	0.0045	0.005
	500	4.9×10^{-5}	0.042	0.045	0.05
球体与平板(钢)	5	4.5×10^{-3}	0.00065	—	0.0005
	50	1.6×10^{-3}	0.0045	—	0.005
	500	4.7×10^{-5}	0.045	—	0.05

从这个表格给出的试验数据可以得到三个结论。首先，

对于很小的压力载荷，表面之间的接触电阻也非常小。因此，进行电阻测量时必须足够小心。其次，三种方法所确定的 A 值之间符合得很好。这也意味着当接触发生在一个范围明确的区域时，只要两个材料之间的接触面受到恰当的振动电阻测量法可以提供合理的 A 值。最后，上述情况下，不同类型的金属材料表面得到的接触面积差异不大，A 主要取决于外载荷和材料的屈服压应力。

七、平整表面的接触问题

将电阻测量法拓展到金属材料平整表面相互接触的情形。有一组在钢材表面上进行的此类试验，试件表面经过仔细的研磨平整（Bowden 和 Tabor，1939）。与光学平板边缘干涉试验结果的对比表明，这些试件表面的平整度误差在几个光波长范围内。其中一组平板试件的表观接触面积为 $0.8cm^2$，另一组试件为 $21cm^2$。试验结果给出两个重要结论：①在同一给定的外载荷下，尽管它们的表观接触面积之比大约是 25∶1，但两组平板试件的接触电阻基本相同；②在同一给定的外载荷下，两组平板试件的接触电阻与相互垂直圆柱体的接触电阻基本在同一个量级。譬如，在 5kg 的外载荷作用下，相互垂直圆柱体的接触电阻大约是 $5\times10^{-4}\Omega$，对应的接触面积大约是 $5\times10^{-4}cm^2$。对于 $21cm^2$ 的平板试件，其表观接触面积大约是前者的 40000 倍，但接触电阻只是前者的一半左右，也就是 $2.5\times10^{-4}\Omega$。假设上述两种情况的金属表面因为相互接触形成金属键的程度一样，很显然，试件表面只有很小一部分面积处于紧密接触状态，它们必然是只在表面最高凸起的末端相互接触。这也解释了下面的观测结果：在载荷相同的情况下，尺寸大的金属平板试件和尺寸小的金属平板试件，其接触电阻基本相同。

对于金属材料平整表面相互接触的问题，要单纯根据电阻测量法准确估算真实的接触面积是一件很困难的事情。材料表面的电导率不仅取决于所形成金属桥的大小，还取决于其数量多少。因为每个金属桥的扩展电阻与其直径成反比，而接触面积与金属桥直径的平方成正比，因此对于给定的扩展电阻，材料表面之间的接触面积与金属桥的数量成反比。尽管对于平整表面我们无法确切知道其中形成金属桥的具体数量，显然它们相互支承的接触点数量不会少于3个。如果我们假设实际形成金属桥的数量是3个，就可以根据接触阻力计算出相互之间接触面积的大小。计算结果同样表明，宏观的表面接触面积中只有很小的一部分区域处于紧密的接触状态。

但是，如果假设金属桥的接触数量始终保持为常数，则结果并不令人满意。如果假设金属表面凸起的屈服压应力近似等于主材的屈服应力，并根据 $A=W/P$ 确定实际接触面积 A，基本可以得到一个更令人满意的计算结果。对于上述试验中的钢材，$P=100\text{kg/mm}^2$。如果假设材料表面由 n 个直径为 a、大小相同的金属桥来支承，当金属桥之间的间距足够大时，接触电阻可以根据公式 $R=1/2an\lambda$ 计算。将这个方程与下面的公式联立：

$$A=n\pi a^2=W/P \tag{9-7}$$

可以得到：

$$n=\frac{\pi P}{4\lambda^{2}R^{2}W}=\frac{1.39\times10^{-6}}{R^{2}W}$$

$$a=\frac{2\lambda WR}{\pi P}=4.77WR \tag{9-8}$$

$21cm^2$ 钢质平板试件的计算结果见表 9-2。

表 9-2　$21cm^2$ 钢质平板试件的计算结果

载荷 /kg	$A=W/P$ /cm^2	宏观接触面积的百分比值	R /($10^{-5}\Omega$)	n	a /cm
500	0.05	1/400	0.9	35	2.1
100	0.01	1/2000	2.5	22	1.2
20	0.002	1/10000	9	9	0.9
5	0.0005	1/40000	25	5	0.6
2	0.0002	1/100000	50	3	0.5

表 9-2 中，参数 a 和 n 的绝对值必须有所保留地加以看待，因为材料表面少量氧化膜的存在会对这两个参数产生显著的影响。譬如，如果接触电阻中有一半是因为氧化膜引起的，那么 n 的取值会增加四倍，而 a 的值将减半。尽管这样，表中给出的数值还是处于正确的量级上，其中传达出来很主要的一点结论就是，增加载荷会增加金属桥的数量和平均尺度大小。需要注意的是，即便是载荷达到最大值时，金属桥的数量也并不多，其中单个金属桥的面积大约在 10^{-3}cm 到 10^{-4}cm 之间。这些结果与本章第四小节的结论完全符合，也与材料之间接触面是由很多微小的、独立的不规则凸起所支承，其在外载荷作用下产生塑性流动，直至它们的总面积足够支撑起所有的载荷的观点是一致的。因此，金属材料表面之间实际接触面积主要由外载荷 W 和材料的屈服压应力或硬度 P 所决定，它与材料本身的外观尺寸关系不大。

值得指出的是，在接触电阻测量法中除了由氧化膜或其他表面薄膜层带来的影响比较复杂外，还存在一个常见的不确定性因素。因为扩展电阻的形成方式，无法解决金属键或者金属桥非常靠近的情况。譬如，截面之间有 n 个相似的金属键（每个的传导电阻是 R），它们彼此完全分开，其总的扩展电阻是 R/n。但如果它们之间非常接近，其扩展电阻会非常大（相比于 $R/\sqrt{n}$ 的量级），实际上会很接近由上述 n 个金属键组成的单金属键的扩展电阻（Holm，1946）。

根据扩展电阻的计算原则将得到一个材料表面假想宏观金属键的接触面积，尽管实际接触面积只是其中局部位置，譬如说这个面积的二分之一或三分之一（对于数量相当多的微观金属键而言，实际接触面积不会小于这个面积而不对扩展电阻产生显著的影响）。这就使得第四章图 4-12 中给出的表面光度仪记录与表 9-1 中的结果相吻合。表 9-1 中给出的结果表明，电阻测量法得到的接触面积与硬度试验观测到的压痕面积之间符合得很好。图 4-12 表明，也只有一半或者三分之二的压痕面积上，材料之间是紧密接触的。这些微观金属键的扩展电阻与一个宏观包络金属桥的扩展电阻之间的差异，只会是一个小于电阻测量法自身离散度的系数（差异很小）。类似的，在表 9-2 中，n 的值主要指宏观金属桥的数量，每一个都包含数量很多、距离非常近的微观金属桥群。这个表格最后一列中的 n 值，就指这些宏观金属桥每一个的平均半径。很显然，基于电阻测量法得到的材料之间真实接触面积存在一定的限制条件，但通常会得到正确数量级的试验结果。

关于金属材料表面之间的接触特性在 *Friction and Lubrication of Solids*（1950）和 Holm 的 *Electrical Contacts*

(1946）中有更详尽的介绍。Holm 在著作中提供了他在这个领域前瞻性的、有价值的研究工作。

参 考 文 献

Bowden，F. P. and TABOR，D.（1939），*Proc. Roy. Soc.* A **169**，391.

——— (1950)，*Friction and Lubrication of Solids*，Clarendon Press.

——and Young，J. E.（1949），*Nature*，**164**，1089.

Holm，R.（1946），*Electrical Contacts*，Almquist and Wiksells，Stockholm.

McFarlane，J. W. and Tabor，D.（1950），in press.

Meyer，A.（1898），*Öfvers. Vetensk. Akad . Förh.*，*Stockh.* **55**，199.

O'Neill，H.（1934），*The Hardness of Metals and Its Measurements*，Chapman and Hall，London.

附录 I 布氏硬度

一、定义

在大小为 Wkg 的载荷作用下，一个直径为 Dmm 的硬质球形压头被压入金属试件材料表面，最终测得材料表面压痕的弦长直径为 $d$mm。布氏硬度值（$B.H.N.$）定义为：

$$布氏硬度值=\frac{W}{压痕的曲面面积}$$

$$=\frac{2W}{\pi D\left(D-\sqrt{D^2-d^2}\right)}$$

硬度值单位用 kg/mm^2 表示。

二、压痕的大小

对于大多数金属材料，布氏硬度值取决于压痕的大小。但是，几何相似的压痕（即 d/D 比值为常数）给出的布氏硬度值相同。做一阶近似处理，当比值 W/D^2 为常数时会出现这种情况。这常常应用于压痕尺寸在 $d/D=0.3$ 和 $d/D=0.6$ 之间变化的情况。

三、载荷规定

若是特定用途需要一个唯一的硬度值，英国标准协会对于不同金属材料所规定载荷见表Ⅰ（a）。

Meyer 法则适用的载荷值

Meyer 法则表明 $W=kD^n$，对于指定的金属材料 k 和 n 都为常数。n 的大小取决于金属材料工作强化的程度，对于经过退火处理的金属材料，n 的取值接近于 2.5。对于已经工作强化过的金属材料，n 的取值接近于 2。

表Ⅰ(a)　英国标准协会对于不同金属材料所规定的载荷

金属材料	W/D^2	载荷值 W/kg			
		D=1mm	D=2mm	D=5mm	D=10mm
铁，钢及类似硬度的材料	30	30	120	750	3000
黄铜，青铜	10	10	40	250	1000
纯铜	5	5	20	125	500
铅锡合金	1	1	4	25	100

如果载荷太小，压痕变形不是完全塑性的，就会偏离上述 Meyer 法则，得到的 n 值会大于其真实值。要使得 Meyer 法则有效，对于直径为 10mm 的硬质球，外载荷应当不小于表Ⅰ（b）中给出的数值（细节详见第四章内容）。

表Ⅰ(b)　Meyer 法则有效时直径为 10mm 硬质钢球所对应的最小外载荷

金属材料布氏硬度近似值/(kg/mm^2)		10mm 的球形压头，Meyer 法则有效时的最小外载荷/kg
铅锡合金	10	1
	50	30
铜合金	100	50

续表

金属材料布氏硬度近似值/(kg/mm^2)		10mm 的球形压头,Meyer 法则有效时的最小外载荷/kg
钢材	200	180
	400	1500
	600	5200

对于不同直径的钢球压头，试验载荷应当与钢球直径的平方成正比。因此，对于直径为 5mm 的钢球，Meyer 法则有效时外载荷应当为表Ⅰ（b）中给出数值的 1/4，而对于直径为 1mm 的钢球，数值应当为上述数值的 1/100。

四、加载时间

加载时间，钢材通常取 30s，黄铜和青铜取 60s。

五、试件尺寸

试件尺寸应当足够大，以保证所有塑性变形出现在一个相对小的区域内（与试件本身相比）。目前执行的标准是：对于硬质金属，试件厚度应当等于 10 倍压痕的深度；对于较软的金属材料，试件厚度应当等于 15 倍压痕的深度。试件的宽度应当不小于压痕宽度的 5 倍。通常，如果所采用的钢球直径为 10mm，试件宽度应当不小于 1/2in，厚度应当不小于 1/2in。表Ⅰ（c）给出了采用 10mm 直径球形压头在

3000kg 和 500kg 压力下的布氏硬度值。

表Ⅰ(c) 直径 10mm 的钢球在 3000kg 和 500kg 压力下的布氏硬度值

压痕直径/mm	压痕的曲面面积/mm^2	布氏硬度/(kg/mm^2)	
		W=3000kg	W=500kg
1.50	1.777	1688	281
1.55	1.898	1580	263
1.60	2.024	1482	247
1.65	2.153	1393	232
1.70	2.287	1312	219
1.75	2.424	1238	206
1.80	2.566	1169	195
1.85	2.711	1107	184
1.90	2.861	1049	175
1.95	3.014	995	166
2.00	3.174	946	158
2.05	3.335	900	150
2.10	3.502	857	143
2.15	3.673	817	136
2.20	3.848	780	130
2.25	4.027	745	124
2.30	4.211	712	119
2.35	4.399	682	114
2.40	4.591	653	109
2.45	4.787	627	104
2.50	4.988	601	100
2.55	5.192	578	96.5
2.60	5.401	555	93
2.65	5.615	534	89

续表

压痕直径/mm	压痕的曲面面积/mm²	布氏硬度/(kg/mm²)	
		W=3000kg	W=500kg
2.70	5.834	514	86
2.75	6.055	495	83
2.80	6.283	477	80
2.85	6.514	461	77
2.90	6.750	444	74
2.95	6.990	429	72
3.00	7.235	415	69
3.05	7.485	401	67
3.10	7.737	388	65
3.15	7.997	375	63
3.20	8.260	363	61
3.25	8.526	352	59
3.30	8.800	341	57
3.35	9.076	331	55
3.40	9.358	321	53
3.45	9.644	311	52
3.50	9.934	302	50
3.55	10.230	293	49
3.60	10.532	285	47
3.65	10.838	277	46
3.70	11.148	269	45
3.75	11.464	262	44
3.80	11.783	255	42
3.85	12.108	248	41
3.90	12.438	241	40
3.95	12.774	235	39

续表

压痕直径/mm	压痕的曲面面积/mm^2	布氏硬度/(kg/mm^2)	
		W=3000kg	W=500kg
4.00	13.113	229	38
4.05	13.460	223	37
4.10	13.808	217	36
4.15	14.164	212	35
4.20	14.526	207	34
4.25	14.893	201	34
4.30	15.264	197	33
4.35	15.640	192	32
4.40	16.022	187	31
4.45	16.410	183	30
4.50	16.803	179	30
4.55	17.202	174	29
4.60	17.606	170	28
4.65	18.016	167	28
4.70	18.432	163	27
4.75	18.853	159	27
4.80	10.280	156	26
4.85	19.712	152	25
4.90	20.150	149	25
4.95	20.594	146	24
5.00	21.044	143	24
5.05	21.501	140	23
5.10	21.964	137	23
5.15	22.433	134	22
5.20	22.907	131	22
5.25	23.389	128	21

续表

压痕直径/mm	压痕的曲面面积/mm²	布氏硬度/(kg/mm²)	
		W=3000kg	W=500kg
5.30	23.877	126	21
5.35	24.370	123	21
5.40	24.870	121	20
5.45	25.377	118	20
5.50	25.891	116	19
5.55	26.413	114	19
5.60	26.940	111	19
5.65	27.475	109	18
5.70	28.016	107	18
5.75	28.564	105	18
5.80	29.119	103	17
5.85	29.682	101	17
5.90	30.254	99	17
5.95	30.831	97	16
6.00	31.416	95	16
6.05	32.009	94	16
6.10	32.610	92	15
6.15	33.219	90	15
6.20	33.836	89	15
6.25	34.459	87	15
6.30	35.092	85	14
6.35	35.734	84	14
6.40	36.384	82	14
6.45	37.042	81	13
6.50	37.708	80	13
6.55	38.386	78	13

续表

压痕直径/mm	压痕的曲面面积/mm^2	布氏硬度/(kg/mm^2)	
		W=3000kg	W=500kg
6.60	39.072	77	13
6.65	39.766	75	13
6.70	40.469	74	12
6.75	41.183	73	12
6.80	41.907	72	12
6.85	42.640	70	12
6.90	43.384	69	12
6.95	44.139	68	11
7.00	44.903	67	11

注：1. 上述表格中的数据已经由 E. Rabinowicz 重新计算。

2. 对于给定尺寸的压痕，布氏硬度与载荷 W 成正比，因此表中只给出两个载荷值。

附录 II Meyer 硬度

一、定义

在大小为Wkg的载荷作用下，一个直径为D（单位mm）的硬质球形压头被压入金属试件材料表面，最终测得压痕的标称弦长直径为d（单位mm）。Meyer硬度值（M. H. N.）定义为：

$$\text{Meyer 硬度值}=\frac{W}{\text{压痕的投影面积}}=\frac{4W}{\pi D^2}$$

硬度值单位用kg/mm^2表示。Meyer硬度测量的细节与布氏硬度的测量方法相同。

二、 Meyer硬度和布氏硬度

对于给定载荷下给定的压痕尺寸，金属材料的Meyer硬度值通常会大于相应的布氏硬度值，比值大小为压痕的曲面面积与水平投影面积之比。这个比值的大小在见表Ⅱ(a)。

表Ⅱ(a)　Meyer硬度与布氏硬度的比值

压痕尺寸 d/D	Meyer硬度/布氏硬度
0.10	1.002
0.15	1.006
0.20	1.010
0.25	1.016
0.30	1.024
0.35	1.032

续表

压痕尺寸 d/D	Meyer 硬度/布氏硬度
0.40	1.044
0.45	1.057
0.50	1.074
0.55	1.090
0.60	1.111
0.65	1.136
0.70	1.167
0.75	1.204
0.80	1.250
0.85	1.310
0.90	1.393
0.95	1.524
1.00	2.000

当压痕尺寸小于 $d/D=0.4$ 时，可以使用下面近似公式：

$$\text{Meyer 硬度/布氏硬度}=1+\frac{1}{4}(d/D)^2$$

表Ⅱ（b）给出了采用直径 10mm 的钢球在 3000kg 和 500kg 载荷下的 Meyer 硬度值。

表Ⅱ(b) 直径 10mm 的钢球在 3000kg 和 500kg 载荷下的 Meyer 硬度值

压痕直径/mm	压痕投影面积/mm^2	Meyer 硬度/(kg/mm^2)	
		3000kg	500kg
2.00	3.1416	955	159
2.05	3.3006	909	152
2.10	3.4363	867	144

续表

压痕直径/mm	压痕投影面积/mm^2	Meyer 硬度/(kg/mm^2)	
		3000kg	500kg
2.15	3.6305	827	138
2.20	3.8013	790	132
2.25	3.9761	754	122
2.30	4.1548	723	121
2.35	4.3374	692	115
2.40	4.5239	664	111
2.45	4.7143	637	106
2.50	4.9087	613	102
2.55	5.1070	588	98
2.60	5.3093	566	94
2.65	5.5155	544	91
2.70	5.7256	524	87
2.75	5.9396	506	84
2.80	6.1575	487	81
2.85	6.3794	470	78
2.90	6.6052	454	76
2.95	6.8449	438	73
3.00	7.0686	425	71
3.05	7.3062	411	68
3.10	7.5477	397	66
3.15	7.7931	385	64
3.20	8.0425	373	62
3.25	8.2958	362	60
3.30	8.5530	351	58
3.35	8.8141	341	57
3.40	9.0792	330	55

续表

压痕直径/mm	压痕投影面积/mm²	Meyer 硬度/(kg/mm²)	
		3000kg	500kg
3.45	9.3482	321	54
3.50	9.6211	312	52
3.55	9.8980	303	50
3.60	10.179	295	49
3.65	10.463	287	48
3.70	10.752	279	47
3.75	11.045	272	45
3.80	11.341	265	44
3.85	11.642	258	43
3.90	11.946	251	42
3.95	12.254	245	41
4.00	12.566	239	40
4.05	12.882	233	39
4.10	13.203	227	38
4.15	13.526	222	37
4.20	13.854	216	36
4.25	14.186	211	35
4.30	14.522	207	34
4.35	14.862	202	34
4.40	15.205	197	33
4.45	15.553	193	32
4.50	15.904	189	31
4.55	16.260	185	31
4.60	16.619	181	30
4.65	16.982	177	29
4.70	17.349	173	29

续表

压痕直径/mm	压痕投影面积/mm²	Meyer 硬度/(kg/mm²)	
		3000kg	500kg
4.75	17.720	169	28
4.80	18.096	166	28
4.85	18.474	162	27
4.90	18.857	159	27
4.95	19.244	156	26
5.00	19.635	153	25
5.05	20.003	150	25
5.1	20.428	147	24
5.15	20.831	144	24
5.20	21.237	141	24
5.25	21.647	139	23
5.30	22.062	136	23
5.35	22.480	133	22
5.40	22.902	131	22
5.45	23.328	129	21
5.50	23.758	126	21
5.55	24.192	124	21
5.60	24.630	122	20
5.65	25.072	120	20
5.70	25.581	118	20
5.75	25.967	116	19
5.80	25.421	114	19
5.85	26.878	112	19
5.90	27.340	110	18
5.95	27.805	108	18
6.00	28.274	106	18

续表

压痕直径/mm	压痕投影面积/mm^2	Meyer 硬度/(kg/mm^2)	
		3000kg	500kg
6.05	28.747	104	17
6.10	29.225	103	17
6.15	29.706	101	17
6.20	30.191	99.4	17
6.25	30.680	97.8	16
6.30	31.172	96.3	16
6.35	31.669	94.8	16
6.40	32.170	93.3	16
6.45	32.674	91.9	15
6.50	33.183	90.4	15
6.55	33.696	89.0	15
6.60	34.212	87.7	15
6.65	34.732	86.4	14
6.70	35.257	85.2	14
6.75	35.785	83.9	14
6.80	36.317	82.7	14
6.85	36.853	81.5	14
6.90	37.393	80.2	13
6.95	37.937	79.1	13
7.00	38.485	78.0	13

注：Meyer 硬度值与外载荷 W 成正比，因此表中只给出两个载荷值。

续表

压痕直径/mm	压痕投影面积/mm²	Meyer 硬度/(kg/mm²)	
		3000kg	500kg
6.05	28.747	104	17
6.10	29.225	103	17
6.15	29.706	101	17
6.20	30.191	99.4	17
6.25	30.680	97.8	16
6.30	31.172	96.3	16
6.35	31.669	94.8	16
6.40	32.170	93.3	16
6.45	32.674	91.9	15
6.50	33.183	90.4	15
6.55	33.696	89.0	15
6.60	34.212	87.7	15
6.65	34.732	86.4	14
6.70	35.257	85.2	14
6.75	35.785	83.9	14
6.80	36.317	82.7	14
6.85	36.853	81.5	14
6.90	37.393	80.2	13
6.95	37.937	79.1	13
7.00	38.485	78.0	13

注：Meyer 硬度值与外载荷 W 成正比，因此表中只给出两个载荷值。

附录 Ⅲ
维氏硬度

一、定义

在大小为 Wkg 的载荷作用下，一个棱锥形金刚石压头被压入金属材料表面，最终测得压痕的对角线长度为 d（单位 mm）。维氏硬度或者维氏金刚石硬度（$V.D.H.$）定义为：

$$维氏硬度=\frac{W}{压痕的棱锥面面积}$$

棱锥形压头相对棱面之间的夹角为 136°，相邻棱面之间的夹角为 146°。从简单的几何关系可以知道：压痕的棱锥形压痕面积要大于压痕的投影面积，它们之间的比例关系为 1∶0.9272。

$$维氏硬度=\frac{0.9272W}{压痕的水平投影面积}=1.8544W/d^2$$

硬度值单位用 kg/mm^2 表示。

二、维氏硬度和平均压应力

维氏硬度和压痕范围平均屈服压应力（P_m）之间的关系如下：

$$维氏硬度=0.9272P_m$$

三、载荷大小

维氏硬度试验使用的载荷通常在1kg到120kg之间。因为不管压痕大小，棱锥形压痕都是几何相似的，维氏硬度与载荷大小无关。

四、加载时间

加载时间通常为10s或者稍长。表Ⅲ(a)给出了10kg载荷下的维氏金刚石（棱锥体）的硬度值。

表Ⅲ(a)　10kg载荷下的维氏金刚石（棱锥体）的硬度值

压痕的对角线长/0.001mm	维氏硬度/(kg/mm^2)									
	0	1	2	3	4	5	6	7	8	9
100	1855	1818	1783	1749	1715	1682	1650	1619	1589	1561
110	1533	1505	1478	1452	1427	1402	1378	1354	1332	1310
120	1288	1267	1246	1226	1206	1187	1168	1150	1132	1115
130	1097	1081	1064	1048	1033	1018	1003	988	974	960
140	946	933	920	907	894	882	870	858	847	835
150	824	813	803	792	782	772	762	752	743	734
160	724	715	707	698	690	681	673	665	657	649
170	642	634	627	620	613	606	599	592	585	579
180	572	566	560	554	548	542	536	530	525	519

续表

压痕的对角线长/0.001 mm	维氏硬度/(kg/mm²)									
	0	1	2	3	4	5	6	7	8	9
190	514	508	503	498	493	488	483	478	473	468
200	464	459	455	450	446	442	437	433	429	425
210	421	417	413	409	405	401	397	394	390	387
220	383	380	376	373	370	366	363	360	357	354
230	351	348	345	342	339	336	333	330	327	325
240	322	319	317	314	312	309	306	304	302	299
250	297	294	292	289	287	285	283	281	279	276
260	274	272	270	268	266	264	262	260	258	256
270	254	253	251	249	247	245	243	242	240	238
280	236	235	233	232	230	228	227	225	224	222
290	221	219	218	216	215	213	212	210	209	207
300	206	205	203	202	201	199	198	197	196	194
310	193	192	191	189	188	187	186	185	183	182
320	181	180	179	178	177	176	175	173	172	171
330	170	169	168	167	166	165	164	163	162	161
340	160	160	159	158	157	156	155	154	153	152
350	151	151	150	149	148	147	146	146	145	144
360	143	142	142	141	140	139	138	138	137	136
370	136	135	134	133	133	132	131	131	130	129
380	128	128	127	126	126	125	125	124	124	123
390	122	121	121	120	120	119	118	118	117	117
400	116	115	115	114	114	113	113	112	111	111
410	110	110	109	109	108	108	107	107	106	106
420	105	105	104	104	103	103	102	102	101	101
430	100	99.8	99.4	98.9	98.5	98.0	97.6	97.1	96.7	96.2

续表

压痕的对角线长/0.001 mm	维氏硬度/(kg/mm^2)									
	0	1	2	3	4	5	6	7	8	9
440	95.8	95.3	94.9	94.5	94.1	93.6	93.2	92.8	92.4	92.0
450	91.6	91.2	90.8	90.4	90.0	89.6	89.2	88.8	88.4	88.0
460	87.6	87.3	86.9	86.5	86.1	85.8	85.4	85.0	84.7	84.3
470	84.0	83.6	83.2	82.9	82.5	82.2	81.8	81.5	81.2	80.8
480	80.5	80.2	79.8	79.5	79.2	78.8	78.5	78.2	77.9	77.6
490	77.2	76.9	76.6	76.3	76.0	75.7	75.4	75.1	74.8	74.5
500	74.2	73.9	73.6	73.3	73.0	72.7	72.4	72.1	71.9	71.6
510	71.3	71.0	70.7	70.5	70.2	69.9	69.6	69.4	69.1	68.8
520	68.6	68.3	68.1	67.8	67.5	67.3	67.0	66.8	66.5	66.3
530	66.0	35.8	65.5	65.3	65.0	64.8	64.5	64.3	64.1	63.8
540	63.6	63.4	63.1	62.9	62.7	62.4	62.2	62.0	61.7	61.5
550	61.3	61.1	60.9	60.6	60.4	60.2	60.0	59.8	59.6	59.3
560	59.1	58.9	58.7	58.5	58.3	58.1	57.9	57.7	57.5	57.3
570	57.1	56.9	56.7	56.5	56.3	56.1	55.9	55.7	55.5	55.3
580	55.1	54.9	54.7	54.6	54.4	54.2	54.0	53.8	53.6	53.4
590	53.3	53.1	52.9	52.7	52.6	52.4	52.2	52.0	51.9	51.7
600	51.5	51.3	51.2	51.0	50.8	50.7	50.5	50.3	50.2	50.0
610	49.8	49.7	49.5	49.4	49.2	49.0	48.9	48.7	48.6	48.4
620	48.2	48.1	47.9	47.8	47.6	47.5	47.3	47.2	47.0	46.9
630	46.7	46.6	46.4	46.3	46.1	46.0	45.8	45.7	45.6	45.4
640	45.3	45.1	45.0	44.8	44.7	44.6	44.4	44.3	44.2	44.0
650	43.9	43.8	43.6	43.5	43.4	43.2	43.1	43.0	42.8	42.7
660	42.6	42.4	42.3	12.2	42.1	41.9	41.8	41.7	41.6	41.4
670	41.3	41.2	41.1	40.9	40.8	40.7	40.6	40.5	40.3	40.2
680	40.1	40.0	39.9	39.8	39.6	39.5	39.4	39.3	39.2	39.1

续表

压痕的对角线长/0.001 mm	维氏硬度/(kg/mm^2)									
	0	1	2	3	4	5	6	7	8	9
690	39.0	38.8	38.7	38.6	38.5	38.4	38.3	38.2	38.1	38.0
700	37.8	37.7	37.6	37.5	37.4	37.3	37.2	37.1	37.0	36.9
710	36.8	36.7	36.6	36.5	36.4	36.3	36.2	36.1	36.0	35.9
720	35.8	35.7	35.6	35.5	35.4	35.3	35.2	35.1	35.0	34.9
730	34.8	34.7	34.6	34.5	34.4	34.3	34.2	34.1	34.0	34.0
740	33.9	33.8	33.7	33.6	33.5	33.4	33.3	33.2	33.1	33.1
750	33.0	32.9	32.8	32.7	32.6	32.5	32.4	32.4	32.3	32.2
760	32.1	32.0	31.9	31.8	31.8	31.7	31.6	31.5	31.4	31.4
770	31.3	31.2	31.1	31.0	30.9	30.9	30.8	30.7	30.7	30.6
780	30.5	30.4	30.3	30.3	30.2	30.1	30.0	29.9	29.9	29.8
790	29.7	29.6	29.6	29.5	29.4	29.3	29.3	29.2	29.1	29.1
800	29.0	28.9	28.8	28.8	28.7	28.7	28.6	28.5	28.4	28.3
810	28.3	28.2	28.1	28.0	28.0	27.9	27.8	27.8	27.7	27.7
820	27.6	27.5	27.4	27.4	27.3	27.3	27.2	27.1	27.0	27.0
830	26.9	26.8	26.8	26.7	26.7	26.6	26.5	26.5	26.4	26.3
840	26.3	26.2	26.2	26.1	26.0	26.0	25.9	25.8	25.8	25.7
850	25.7	25.6	25.6	25.5	25.4	25.4	25.3	25.3	25.2	25.1
860	25.1	25.0	25.0	24.9	24.8	24.8	24.7	24.7	24.6	24.6
870	24.5	24.4	24.4	24.3	24.3	24.2	24.2	24.1	24.1	24.0
880	24.0	23.9	23.8	23.8	23.7	23.7	23.6	23.6	23.5	23.5
890	23.4	23.4	23.3	23.3	23.2	23.2	23.1	23.0	23.0	22.9
900	22.9	22.8	22.8	22.7	22.7	22.6	22.6	22.5	22.5	22.4
910	22.4	22.3	22.3	22.3	22.2	22.2	22.1	22.1	22.0	22.0
920	21.9	21.9	21.8	21.8	21.7	21.7	21.6	21.6	21.5	21.5
930	21.4	21.4	21.4	21.3	21.3	21.2	21.2	21.1	21.1	21.0

续表

压痕的对角线长/0.001mm	维氏硬度/(kg/mm²)									
	0	1	2	3	4	5	6	7	8	9
940	21.0	20.9	20.9	20.8	20.8	20.8	20.7	20.7	20.6	20.6
950	20.5	20.5	20.5	20.4	20.4	20.3	20.3	20.2	20.2	20.2
960	20.1	20.1	20.0	20.0	20.0	19.9	19.9	19.8	19.8	19.8
970	19.7	19.7	19.6	19.6	19.6	19.5	19.5	19.4	19.4	19.4
980	19.3	19.3	19.2	19.2	19.2	19.1	19.1	19.0	19.0	19.0
990	18.9	18.9	18.8	18.8	18.8	18.7	18.7	18.7	18.6	18.6

注：对于给定大小的压痕，维氏硬度值与载荷 W 成正比。因为如此，表中只给出一个载荷值。注意对于 2/3in 的试件，每个测量刻度划分等于 0.001mm，而对于 3/2in 的试件，每个测量刻度划分等于 0.0025mm。

附录Ⅳ
硬度转换

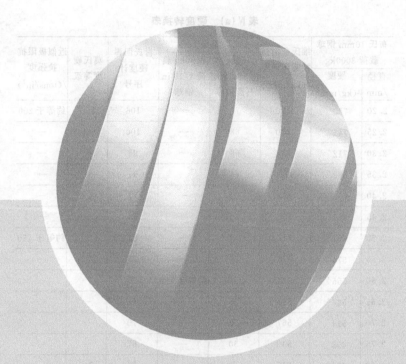

这里给出的数值只是近似的，并且只适用于化学成分均匀和均匀热处理的钢材。这些数值对于有色金属（非铁质的金属材料）可靠性有所降低，并且不推荐用于表面硬化钢材。表Ⅳ(a) 中的数据大部分摘自 ASM 手册。表Ⅳ(a) 给出了各种硬度之间的转换关系。

表Ⅳ(a)　硬度转换表

布氏 10mm 钢球载荷 3000kg		维氏金刚石棱锥体硬度 /(kg/mm^2)	洛氏		肖氏回弹硬度计序号	莫氏硬度等级	近似极限抗拉强度 /(tons/in^2)
直径 /mm	硬度 /(kg/mm^2)		C150kg 载荷 120°金刚石圆锥体	B100kg 载荷 1/16 in 钢球			
2.20	780*	1150	70	—	106	8.5	约等于 200
2.25	745*	1050	68	—	100	—	—
2.30	712*	960	66	—	95	—	—
2.35	682*	885	64	—	91	—	—
2.40	653*	820	62	—	87	8.0	—
2.45	627*	765	60	—	84	—	—
2.50	601*	717	58	—	81	—	约等于 150
2.55	578*	675	57	—	78	7.5	—
2.60	555*	633	55	约等于 120	75	—	—
2.65	534*	598	53	—	72	—	—
2.70	514*	567	52	—	70	—	—
2.75	495*	540	50	—	67	—	—
2.80	477*	515	49	—	65	7.0	—
2.85	461*	494	47	—	63	—	约等于 102
2.90	444*	472	46	—	61	—	98
2.95	429*	454	45	约等于 115	59	—	95
3.00	415	437	44	—	57	—	91
3.05	401	420	42	—	55	6.5	88
3.10	388	404	41	—	54	—	84

续表

布氏 10mm 钢球载荷 3000kg		维氏金刚石棱锥体硬度/(kg/mm²)	洛氏		肖氏回弹硬度计序号	莫氏硬度等级	近似极限抗拉强度/(tons/in²)
直径/mm	硬度/(kg/mm²)		C150kg 载荷 120°金刚石圆锥体	B100kg 载荷 1/16 in 钢球			
3.15	375	389	40	—	52	—	81
3.20	363	375	38	约等于 110	51	—	79
3.25	352	363	37	—	49	—	76
3.30	341	350	36	—	48	—	74
3.35	331	339	35	—	46	6.0	71
3.40	321	327	34	—	45	—	69
3.45	311	316	33	—	44	—	67
3.50	302	305	32	—	43	—	65
3.55	293	296	31	—	42	—	63
3.60	285	287	30	105	40	—	62
3.65	277	279	29	104	39	5.5	60
3.70	269	270	28	104	38	—	58
3.75	262	263	26	103	37	—	57
3.80	255	256	25	102	37	—	56
3.85	248	248	24	102	36	—	55
3.90	241	241	23	100	35	—	53
3.95	235	235	22	90	34	—	52
4.00	229	229	21	98	33	—	50
4.05	223	223	20	97	32	—	49
4.10	217	217	18	96	31	—	48
4.15	212	212	17	96	31	—	47
4.20	207	207	16	95	30	5.0	45
4.25	201	201	15	94	30	—	44
4.30	197	197	13	93	29	—	43
4.35	192	192	12	92	28	—	42

续表

布氏 10mm 钢球载荷 3000kg		维氏金刚石棱锥体硬度/(kg/mm²)	洛氏		肖氏回弹硬度计序号	莫氏硬度等级	近似极限抗拉强度/(tons/in²)
直径/mm	硬度/(kg/mm²)		C150kg 载荷 120°金刚石圆锥体	B100kg 载荷 1/16 in 钢球			
4.40	187	187	10	91	28	—	42
4.45	183	183	9	90	27	—	41
4.50	179	179	8	89	27	—	40
4.55	174	174	7	88	26	—	39
4.60	170	170	6	87	26	—	38
4.65	167	167	4	86	25	—	37
4.70	163	163	3	85	25	—	37
4.75	159	159	2	84	24	4.5	36
4.80	156	156	1	83	24	—	35
4.85	152	152	—	82	23	—	34
4.90	149	149	—	81	23	—	33
4.95	146	146	—	80	22	—	33
5.00	143	143	—	79	22	—	32
5.05	140	140	—	78	21	—	32
5.10	137	137	—	77	21	—	31
5.15	134	134	—	76	21	—	30
5.20	313	313	—	74	20	—	29
5.25	218	218	—	73	20	—	29
5.30	126	126	—	72	—	—	29
5.35	123	123	—	71	—	—	28
5.40	121	121	—	70	—	—	28
5.45	118	118	—	69	—	—	27
5.50	116	116	—	68	—	—	27
5.55	114	114	—	67	—	—	26
5.60	111	111	—	66	—	—	26

续表

布氏 10mm 钢球载荷 3000kg		维氏金刚石棱锥体硬度/(kg/mm²)	洛氏		肖氏回弹硬度计序号	莫氏硬度等级	近似极限抗拉强度/(tons/in²)
直径/mm	硬度/(kg/mm²)		C150kg 载荷 120°金刚石圆锥体	B100kg 载荷 1/16 in 钢球			
5.65	109	109	—	65	—	—	25
5.70	107	107	—	64	—	—	25
5.75	105	105	—	62	—	—	24
5.80	103	103	—	61	—	—	24
5.85	101	101	—	60	—	—	23
5.90	99	99	—	59	—	—	23
5.95	97	97	—	57	—	—	22
6.00	96	96	—	56	—	—	22

注：* 表示试验采用标准钢球，布氏硬度大于 400 的数据不太可靠，详见第四章相关内容。

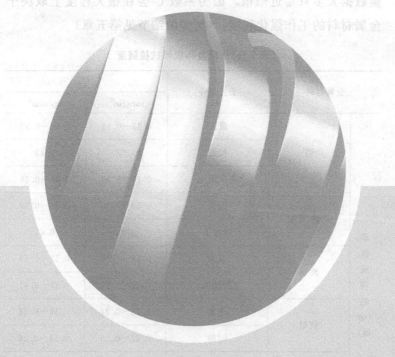

附录V
硬度和极限抗拉强度

在表Ⅴ（a）中给出了比例系数 C 的近似值，其中

$$极限抗拉强度 = C \times 布氏硬度$$

因为布氏硬度总是用 kg/mm^2 表示，常数 C 会取不同的数值，取决于极限抗拉强度是用 ton/in^2 还是用 kg/mm^2 度量。需要强调的是这些取自于 Greaves，Jones 和 O′Neill 的试验数据大多只是近似值，因为系数 C 会在很大程度上取决于金属材料的工作强化程度。（更多的细节见第五章）

表Ⅴ(a)　硬度和极限抗拉强度

<table>
<tr><th colspan="2" rowspan="2">金属材料</th><th rowspan="2">工艺条件</th><th colspan="2">C</th></tr>
<tr><th>tons/in²</th><th>kg/mm²</th></tr>
<tr><td rowspan="14">非铁或钢的（金属）</td><td rowspan="3">铝</td><td>退火</td><td>0.33～0.36</td><td>0.52～0.57</td></tr>
<tr><td>拉拔</td><td>0.27</td><td>0.43</td></tr>
<tr><td>高度强化</td><td>0.21～0.23</td><td>0.33～0.36</td></tr>
<tr><td rowspan="2">黄铜、青铜</td><td>退火</td><td>0.33～0.36</td><td>0.52～0.57</td></tr>
<tr><td>冷加工</td><td>0.26</td><td>0.41</td></tr>
<tr><td rowspan="2">纯铜</td><td>退火</td><td>0.33～0.36</td><td>0.52～0.57</td></tr>
<tr><td>冷加工</td><td>0.24～0.26</td><td>0.38～0.41</td></tr>
<tr><td rowspan="2">硬铝</td><td>退火</td><td>0.23～0.24</td><td>0.36～0.38</td></tr>
<tr><td>时效</td><td>0.22～0.23</td><td>0.34～0.36</td></tr>
<tr><td>铅</td><td>铸造，热轧</td><td>0.27</td><td>0.43</td></tr>
<tr><td rowspan="2">镍</td><td>退火</td><td>0.31</td><td>0.49</td></tr>
<tr><td>冷加工</td><td>0.26</td><td>0.41</td></tr>
<tr><td>锡</td><td>铸造，热轧</td><td>0.29</td><td>0.46</td></tr>
</table>

续表

金属材料		工艺条件	C	
			tons/in^2	kg/mm^2
含铁的（金属）	工业纯铁	退火处理	0.22	0.35
	合金钢	热处理布氏硬度<250	0.215	0.34
		布氏硬度 250～400	0.21	0.33
	中碳钢	热轧、正火、退火处理	0.22	0.35
		热处理	0.215	0.34
	低碳钢	热轧、正火、退火处理	0.23	0.36

附录Ⅵ
典型金属材料的硬度

金属的硬度

金属和合金材料的硬度取决于它们的化学成分、晶格尺寸，尤其是它们的应力工作强化程度。因为这个原因，在表Ⅵ(a) 中给出的数值应当视为典型硬度值，而非绝对硬度值。大多数数据来源于 ASM 手册（1948 年版）。典型压头材料的物理特性见表Ⅵ(b)。

表Ⅵ(a)　典型硬度值

金属或合金材料	工艺条件	布氏硬度 /(kg/mm^2)	极限抗拉强度 /(tons/in^2)
铝 99.97	退火	16	3～4
	冷轧 75%	27～30	7～8
铝 99.5	铸造	20	5
	热轧	30	7
	冷轧	40	9
铝 99.3	冷轧	45	10～11
铝-镁合金 Al 94 Mg 6	轧制	70	18
铝-锰合金 Al 98.8 Mn 1.2	退火	28	8
	轧制	55	12～14
铝-镍合金 Al 90 Ni 10	轧制	50	11
铝-锌-镁-铜合金 Zn 6.4 Mg 2.5 Cu 1.2	退火	60	14
	淬火并时效	170	36
锑	铸造	30～60	—
砷	铸造	147	—
铍铜合金 Be 2 Cu 98	淬火	150	33
	淬火并轧制	220	50
	淬火并析出硬化	360～400	80～90
铋	铸造	11～12	—

续表

<table>
<tr><th colspan="2">金属或合金材料</th><th>工艺条件</th><th>布氏硬度
/(kg/mm^2)</th><th>极限抗拉强度
/(tons/in^2)</th></tr>
<tr><td colspan="2" rowspan="3">黄铜 α：Cu 70
Zn 30(芯)</td><td>退火</td><td>80～100</td><td>20</td></tr>
<tr><td>轧制硬化</td><td>140</td><td>30</td></tr>
<tr><td>弹簧</td><td>190</td><td>42</td></tr>
<tr><td colspan="2" rowspan="2">黄铜 β：Cu 60
Zn 40(蒙次)</td><td>退火</td><td>80～100</td><td>25</td></tr>
<tr><td>硬化</td><td>140</td><td>30</td></tr>
<tr><td colspan="2">青铜 Cu 96 Sn 4</td><td>铸造并退火</td><td>60</td><td>14</td></tr>
<tr><td colspan="2">青铜 Cu 96
Sn 10(见磷青铜)</td><td>铸造并退火</td><td>80</td><td>19</td></tr>
<tr><td colspan="2">镉</td><td>铸造</td><td>23</td><td>5～6</td></tr>
<tr><td colspan="2">钙</td><td>铸造</td><td>17</td><td>4</td></tr>
<tr><td colspan="2">铈</td><td>—</td><td>28</td><td>—</td></tr>
<tr><td rowspan="3">镍铬合金</td><td>A. Ni 82.5
Cr 15 Fe 1</td><td>热轧</td><td>175～210</td><td>50～56</td></tr>
<tr><td>B. Ni 77.5
Cr 20 Fe 1</td><td>热轧</td><td>180～220</td><td>50～57</td></tr>
<tr><td>C. Ni 61
Cr 12 Fe 25</td><td>热轧</td><td>180～200</td><td>40～50</td></tr>
<tr><td colspan="2">铬</td><td>铸造</td><td>100～170</td><td>—</td></tr>
<tr><td colspan="2" rowspan="2">电镀铬</td><td>硬化抛光</td><td>500～1250</td><td>—</td></tr>
<tr><td>退火</td><td>近似取 100</td><td>—</td></tr>
<tr><td colspan="2" rowspan="2">钴</td><td>退火</td><td>48</td><td>16</td></tr>
<tr><td>冷拔</td><td>140</td><td>43</td></tr>
<tr><td colspan="2">电镀钴</td><td>抛光</td><td>300</td><td>—</td></tr>
<tr><td colspan="2" rowspan="2">康铜 Ni 45 Cu 55</td><td>退火</td><td>80～100</td><td>25～30</td></tr>
<tr><td>冷轧</td><td>120～300</td><td>30～60</td></tr>
<tr><td colspan="2" rowspan="2">纯铜</td><td>退火</td><td>30～40</td><td>9～12</td></tr>
<tr><td>高度强化</td><td>100～120</td><td>22～28</td></tr>
</table>

续表

<table>
<tr><th colspan="2">金属或合金材料</th><th>工艺条件</th><th>布氏硬度
/(kg/mm^2)</th><th>极限抗拉强度
/(tons/in^2)</th></tr>
<tr><td colspan="2" rowspan="3">高导电性铜</td><td>退火</td><td>40</td><td>12～14</td></tr>
<tr><td>硬化板条</td><td>80</td><td>20～24</td></tr>
<tr><td>硬化拔丝</td><td>90～130</td><td>20～28</td></tr>
<tr><td rowspan="4">铜铝合金</td><td>青铜 Cu 96
Al 5. α 型</td><td>热轧</td><td>124</td><td>26</td></tr>
<tr><td>青铜 Cu 96
Al 10. β 型</td><td>铸造</td><td>130</td><td>30～32</td></tr>
<tr><td>青铜 Cu 96
Al 10. β 型</td><td>热轧</td><td>200</td><td>40～45</td></tr>
<tr><td>青铜 Cu 82.5
Al 10 Ni 5 Fe 2.5</td><td>热处理</td><td>250</td><td>50</td></tr>
<tr><td colspan="2">铜铅轴承合金
Pb 27，非树状的</td><td>铸造</td><td>35</td><td>—</td></tr>
<tr><td colspan="2">铜铅轴承合金
Pb 20，树状的</td><td>铸造</td><td>25</td><td>—</td></tr>
<tr><td colspan="2" rowspan="2">铜镍合金 Cu 55
Ni 18 Zn 27(镍黄铜)</td><td>退火</td><td>90</td><td>25</td></tr>
<tr><td>冷轧</td><td>220</td><td>50</td></tr>
<tr><td colspan="2" rowspan="2">铜镍合金 Cu 70
Ni 30(铜镍合金)</td><td>软化</td><td>50～70</td><td>20～25</td></tr>
<tr><td>硬强化</td><td>140</td><td>35</td></tr>
<tr><td colspan="2" rowspan="3">硬铝(合金)Al 93.5
Cu 4.4 Mg 1.5 Mn 0.6</td><td>退火</td><td>40</td><td>8～10</td></tr>
<tr><td>热处理</td><td>100</td><td>25</td></tr>
<tr><td>冷轧</td><td>120</td><td>30</td></tr>
<tr><td colspan="2">纯镓</td><td>铸造</td><td>6～7</td><td>—</td></tr>
<tr><td colspan="2" rowspan="2">纯金</td><td>铸造</td><td>30</td><td>8～10</td></tr>
<tr><td>硬拔丝</td><td>60～70</td><td>15～16</td></tr>
<tr><td colspan="2" rowspan="2">炮铜</td><td>退火</td><td>50～100</td><td>11～22</td></tr>
<tr><td>强化并硬化</td><td>190</td><td>45</td></tr>
<tr><td colspan="2">纯铟</td><td>铸造，轧制</td><td>1</td><td>—</td></tr>
</table>

续表

金属或合金材料	工艺条件	布氏硬度 /(kg/mm²)	极限抗拉强度 /(tons/in²)
纯钛	铸造	170	—
	硬轧制	350	—
纯铁	电解,退火	70	20
	电解,强化	200	45
铸铁	冷淬	450	—
	灰处理	150～240	—
	离心铸造	200	—
	白心可锻	150～200	—
镧	—	37	—
铅 99.9	铸造	4	0.8
	轧制	4	1.4
铅-锑合金(硬铅)Pb 96 Sb 4	轧制	8	2
	淬火并时效	24	5
铅-锡合金(软焊料) Pb 30 Sn 70	铸造	12	3
铅-锡合金(软焊料) Pb 37 Sn 63	铸造	14	4
铅轴承合金 Pb 78.5 Sb 15 Sn 6 Cu 0.5	铸造	21	—
镁 99.98	砂铸造	30	6.7
	冷拔并退火	40	10～12
	硬拔丝	50	12～16
镁-铝 Mg 91.8 Al 8 Mn 0.2(陶氏合金 A)	铸造	50	14
镁-硅(Si 1.2)	拔丝	80	18
镁-锌(Zn 3 Al 0.5)	拔丝	80	20
锰	γ型,淬火	300	30

续表

金属或合金材料	工艺条件	布氏硬度/(kg/mm^2)	极限抗拉强度/($tons/in^2$)
锰铜(中等拉伸)	强化	110～120	29～37
锰铜(高拉伸)	高度强化	200～270	45～50
钼	拔丝	160～180	30～40
	烧结	160	—
蒙氏合金 Ni 67 Cu 30	铸造	100～140	32～37
	冷拔	160～250	37～56
	弹簧调质	近似取 300	60～75
镍 99.95	退火	70～80	20
	电	200～400	—
镍 99.4	退火	90～120	22～30
	拔丝	125～230	30～55
镍铁合金(C<0.1) Ni 36 Fe 64(铟瓦)	轧制	160	38
镍铁合金(C<0.1) Ni 43 Fe 57(磁性的)	轧制	200	45
镍锰合金 Ni 95 Mn 4.5	热轧	150	38
纯锇	铸造	400	—
钯(99.9+)	退火	40	10
	拔丝	100	22
磷青铜 A(Sn 3.8-5.8,P 0.03-0.35 剩余均为 Cu)	软化	90	20～25
	硬化	150～180	30～40
	弹簧	190～220	44～50
纯铂	退火	40	9
	拔丝	100	21
	电镀	近似取 600	—

续表

金属或合金材料		工艺条件	布氏硬度/(kg/mm²)	极限抗拉强度/(tons/in²)
铂-铱 Pt 95 Ir 5		退火	90	18
		硬强化	140	32
铂-铱 Pt 90 Ir 10		退火	130	25
		硬强化	190	40
铂-铱 Pt 75 Ir 25		退火	240	56
		硬强化	310	80
铂-铑 Pt 90 Rh 10		退火	90	20
		硬强化	170	40
钾		铸造	0.037	—
镨		—	25	—
铑		铸造,退火	135	35
		硬强化	390	90
		电	800	—
钌		铸造	220	—
纯银		650℃退火	25	8～10
		硬冷拔	80	20～23
		电镀	近似取 100	—
银-铜 Ag 92.5 Cu 7.5(法定纯度)		淬火	50	16～20
		淬火并时效	100～140	27～30
钠		铸造	0.07	—
钢	碳钢 C 0.08	退火	100～110	22～25
		强化	160	31
	低碳钢 C 0.2-0.3	退火	120	30
		强化	200	45～50
	中碳钢 C 0.35	退火	130	35
		强化	250	50

续表

金属或合金材料		工艺条件	布氏硬度 /(kg/mm²)	极限抗拉强度 /(tons/in²)
钢	高碳钢 C 0.5	退火	140	35～40
		强化	300～400	60～80
不锈钢 18 Cr 8 Ni 0.1 C		淬火	250	—
钽		退火	60	22
		强化	260	60～70
钍		—	—	35
锡 99.95		铸造，退火	5	1.4
		铸造，轧制	6	1.5
锡-巴氏合金	Sn 91 Sb 4.5 Cu 4.5	冷铸	17	4～5
	Sn 89 Sb 7.5 Cu 3.5	冷铸	24	5～6
	Sn 83.4 Sb 8.3 Cu 8.3	冷铸	30	5
	Sn 65 Pb 18 Sb 15 Cu 2	冷铸	23	—
纯钛		退火	200	35
		冷强化	—	50
纯钨		烧结	260	—
		深度锻造	490	—
		深度冷拉钢丝	1000	270
钨碳钢(Co 3-12)		渗碳	1250～1460	—
伍德合金		铸造	16	4
纯锌		铸造	30	—
		轧制	35	8～12
商业用锌(Pb 0.08)		热轧	40	10

续表

金属或合金材料	工艺条件	布氏硬度/(kg/mm^2)	极限抗拉强度/($tons/in^2$)
压铸锌合金 Al 4 Mg 0.04	铸造	80	18
压铸锌合金 Al 4 Mg 0.04 Cu 1	铸造	90	20
压铸锌合金 Al 4 Mg 0.04 Cu 3	铸造	100	24

表Ⅵ(b) 典型压头材料的物理特性

材料	弹性模量/10^{12}(dyn/cm^2)	布氏硬度/(kg/mm^2)
钢(承压钢球)	2	900
碳化钨(烧结,3%~13%钴)	6.8~5.6	1600~1200*
蓝宝石(人造)	3.7	1600~2000*
碳化硅	4	2100*
碳化硼(浇铸)	5	2230*
金刚石	立方体轴 7.2 立方体表面对角线 9.3 立方晶胞对角线 10.2	6000~6500*

注：*为Knoop硬度，见 *Industrial Diamond Review*，1940，1，2；ibid 1945，5，103。